园林景观植物丛书

园林观果树种

李作文　刘家祯　主编

北方联合出版传媒(集团)股份有限公司

辽宁科学技术出版社

·沈阳·

主　编	李作文	刘家祯			
副主编	张连全	代宝清	邓大伟	杨　兰	
编　委	唐世勇	李晓辉	李雪飞	李万桥	徐文君	陈　岩
	崔　营	李　鹏	邢英丽	王永杰	姜永峰	张春波
	张晓光	张　岩	何金光	郝　轶	刘玉华	向水明
	范　颖	宋长宽	郭云清	张宝君	崔建文	冯丽芝
	王金龙	李纪秋	王岩松	高　勇	李　刚	陈东国
	申　林	张德龙	周德俊			

图书在版编目（CIP）数据

园林观果树种 / 李作文，刘家祯主编. —沈阳：辽宁科学技术出版社，2013.8
（园林景观植物丛书）
ISBN 978-7-5381-8166-1

Ⅰ.①园…　Ⅱ.①李…②刘…　Ⅲ.①园林树木—介绍
Ⅳ.①S68

中国版本图书馆 CIP 数据核字（2013）第 164744 号

出版发行：辽宁科学技术出版社
　　　　　（地址：沈阳市和平区十一纬路29号　邮编：110003）
印　刷　者：沈阳天择彩色广告印刷股份有限公司
经　销　者：各地新华书店
幅面尺寸：168mm×236mm
印　　张：16.75
字　　数：200 千字
印　　数：1~3000
出版时间：2013 年 8 月第 1 版
印刷时间：2013 年 8 月第 1 次印刷
特邀编辑：吕忠宁
责任编辑：寿亚荷　李春艳
装帧设计：郭晓静
责任校对：刘美思

书　　号：ISBN 978-7-5381-8166-1
定　　价：75.00 元

联系电话：024-23284370
邮购热线：024-23284502
E-mail：syh324115@126.com
http://www.Inkj.com.cn

前　言

如今人们都渴望有个良好的生态环境，优美的景观、绿色、鲜花、鸟语花香……园林观果树木以其鲜艳的色彩、奇特的形状、特异的质地，给予我们以生机魅力和愉悦；其食物资源又是鸟类等野生动物生存繁衍的栖息生境。

累累硕果展示春花秋实，营造出丰收美好的季相，而经冬不凋的果实又能弥补北方冬季单调的植物景观。观果树木又能蕴涵文化习俗，丰收、富贵、祝福、吉祥等。寄托人们对美好的追求。

目前人们对观果树木最佳景观效果及其规律仍认识不足，培育或栽植的品种较少，主动应用观果树木的绿地很少，为普及观果植物知识、本书作者经 50 年的园林工作中收集观果树木 50 余科 270 余种，每种树木分别介绍其形态、生态、分布、栽培和用途，向人们展示我国丰富的观果树木资源。以引起育苗者及园林设计人员的重视和关心，更好地为人们设计出春有花、夏有荫、秋有果、冬有景的美好环境。以使园林绿地朝着优美景观、浓郁文化、良好生态环境发展。

本书分为常绿树、落叶树两部分。常绿树按郑万钧教授 1978 年系统排列。落叶树按恩格勒 1964 年系统排列。并附有中文索引。

本书主编单位是沈阳市园林科学研究院。在编印过程中得到了沈阳市弘鑫园林工程有限公司、沈阳经济技术开发区鑫阳园林绿化工程有限公司等单位的大力支持和协助，在此一并表示谢意。

由于编著者水平有限，书中疏漏或不当之处在所难免，敬请读者批评指正。

编著者

2013 年 7 月

目 录

1. 常绿树

1. 东北红豆杉 /2
2. 白杆云杉 /3
3. 华山松 /4
4. 侧柏 /5
5. 木波罗(树波萝、波罗蜜) /6
6. 槲寄生 /7
7. 阔叶十大功劳 /8
8. 湖北十大功劳 /9
9. 海桐(海桐花) /10
10. 火棘 /11
11. 石楠 /12
12. 椤木石楠(椤木) /13
13. 厚叶石斑木 /14
14. 枇杷 /15
15. 酸橙 /16
16. 柚 (香泡、文旦) /17
17. 香橼(枸橼) /18
18. 柑橘 /19
19. 佛手 /20
20. 金枣 /20
21. 金豆 /21
22. 日本茵芋红玉珠 /22
23. 五月茶 /23
24. 大叶黄杨 /24
25. 芒果 /25

26. 冬青 /26
27. 大叶冬青 /27
28. 枸骨 /28
29. 无刺枸骨 /29
30. 可可树 /30
31. 梭罗树 /31
32. 厚皮香 /32
33. 山茶花 /33
34. 红果金丝桃 /34
35. 胡颓子 /35
36. 菲油果 /36
37. 咖啡 /37
38. 澳洲鸭脚木 /39
39. 八角金盘 /39
40. 香港四照花 /40
41. 朱砂根 /41
42. 紫金牛 /42
43. 蛋黄果 /43
44. 人心果 /44
45. 光缘苦枥木 /45
46. 吊瓜树 /46
47. 地中海荚蒾 /47
48. 槟榔 /48
49. 假槟榔(亚历山大椰子) /49
50. 椰子 /50
51. 布迪椰子 /51
52. 棕榈 /52

2

2. 落叶树

1．银杏 /54

2．金钱松 /55

3．池杉 (池柏) /56

4．枫杨 /57

5．美国山核桃 (薄壳山核桃) /58

6．千金鹅耳枥 (千金榆) /59

7．板栗 /60

8．榔榆 /61

9．裂叶榆 /62

10．榆树 /63

11．桑 /64

12．白果桑树 /65

13．龙爪桑 /66

14．鸡桑 /67

15．构树 /68

16．木通马兜铃 /69

17．紫斑牡丹 /70

18．牡丹 /71

19．大叶小檗 /72

20．紫叶小檗 /73

21．天女木兰 (天女花) /74

22．玉兰 /75

23．长白茶藨 /76

24．圆醋栗 /77

25．黑果茶藨 (黑加仑) /78

26．黑果腺肋花楸 /79

27．木瓜 /80

28．水栒子 /81

29．俄罗斯山楂 /82

30．甘肃山楂 /83

31．毛山楂 /84

32．山里红 /85

33．山楂 /86

34．东北扁核木 /87

35．鸡麻 /88

36．花红 /89

37．山定子 (山荆子) /90

38．亚斯特海棠 /91

39．亚力红果海棠 /92

40．钻石海棠 /93

41．舞乐海棠 /94

42．舞美海棠 /95

43．垂丝海棠 /96

44．湖北海棠 (平易甜茶) /97

45．西府海棠 /98

46．B₉海棠 /99

47．红铃铛果 /100

48．光辉海棠 (绚丽海棠) /101

49．七月鲜海棠 (K₉海棠) /102

50．乙女海棠 /103

51．红富士苹果 /104

52．寒富苹果 /105

53．风箱果 /106

54．金叶风箱果 /107

55．杏 /108

56．山杏 /109

57．凯特杏 /109

58．串枝红杏 /110

59．沙金红杏 /111

60．孤山梅杏 (大杏梅) /111

61. 东北杏 /112

62. 毛樱桃 /113

63. 垂枝毛樱桃 /114

64. 白果毛樱桃 /114

65. 郁李 /115

66. 长梗郁李 /116

67. 美人梅 /116

68. 欧李 /117

69. 麦李 /118

70. 紫叶矮樱 /119

71. 稠李 /120

72. 山桃稠李 /121

73. 蟠桃 /122

74. 油桃 /123

75. 紫叶桃 /123

76. 红垂枝桃 /124

77. 洒红桃 /124

78. 酸樱桃 /125

79. 甜樱桃 /126

80. 拉宾斯樱桃 /127

81. 美早樱桃 /127

82. 那翁樱桃 (黄樱桃) /128

83. 萨米脱樱桃 /128

84. 西梅 /129

85. 琥珀李 /129

86. 欧洲李 (理查德李) /130

87. 秋红李 /131

88. 太阳李 /131

89. 紫叶李 /132

90. 李 /133

91. 晚红李 /134

92. 晚黄李 /134

93. 岳寒红叶李 /135

94. 紫叶稠李 /136

95. 红肖梨 /137

96. 黄金梨 /137

97. 尖巴梨 /138

98. 金香水梨 /138

99. 库尔勒香梨 /139

100. 红巴梨 /139

101. 南果梨 /140

102. 八月红梨 /141

103. 红香酥梨 /141

104. 杜梨 (棠梨) /142

105. 长白蔷薇 /143

106. 多花蔷薇 /144

107. 俄罗斯大果蔷薇 /145

108. 黑树莓 /146

109. 红树莓 /147

110. 美 22 树莓 /148

111. 库页悬钩子 /148

112. 花楸 /149

113. 欧洲花楸 /150

114. 西伯利亚花楸 /151

115. 腊梅 /152

116. 鱼鳔槐 /153

117. 金链花 /154

118. 紫荆 /155

119. 国槐 /156

120. 合欢 /157

121. 山皂角 /158

122. 美国皂荚 /159

123．皂角 /160

124．巨紫荆 (湖北紫荆) /161

125．黄檀 /162

126．臭檀 /163

127．黄檗 /164

128．枳 (枸橘) /165

129．臭椿 /166

130．苦楝 /167

131．乌桕 /168

132．叶底珠 /169

133．火炬树 /170

134．黄连木 /171

135．奥斯特北美冬青 /172

136．短翅卫矛 /173

137．胶东卫矛 /174

138．桃叶卫矛 /175

139．南蛇藤 /176

140．热河南蛇藤 /177

141．省沽油 /178

142．樟叶槭 /179

143．茶条槭 /180

144．色木槭 /181

145．元宝槭 /182

146．复叶槭 /183

147．七叶树 /184

148．栾树 /185

149．黄山栾树 (全缘叶栾树) /186

150．文冠果 /187

151．无患子 /188

152．细花泡花树 /189

153．鼠李 /190

154．乌苏里鼠李 /191

155．枣 /192

156．酸枣 /193

157．龙须枣 /194

158．梨枣 /194

159．枳椇 (拐枣) /195

160．无核白鸡心葡萄 /196

161．巨峰葡萄 /196

162．美人指葡萄 /197

163．红提子葡萄 /197

164．地锦 /198

165．紫锻 /199

166．糠椴 /200

167．梧桐 (青桐) /201

168．大籽猕猴桃 /202

169．软枣猕猴桃 /203

170．山桐子 /204

171．毛叶山桐子 /205

172．长白瑞香 /206

173．番木瓜 /207

174．秋胡颓子 /208

175．沙棘 /209

176．喜树 /210

177．石榴 /211

178．辽东楤木 /212

179．刺五加 /213

180．红瑞木 /214

181．偃伏梾木 /215

182．灯台树 /216

183．山茱萸 /217

184．四照花 /218

185. 蓝莓 /219

186. 柿树 /220

187. 老鸦柿 /221

188. 浙江柿 (粉叶柿) /222

189. 玉玲花 /222

190. 秤锤树 /223

191. 水曲柳 /224

192. 海州常山 /225

193. 紫珠 /226

194. 老鸦糯 (珍珠枫) /227

195. 中宁枸杞 /228

196. 楸叶泡桐 /229

197. 兰考泡桐 /230

198. 泡桐 /231

199. 楸树 /231

200. 梓树 /232

201. 黄金树 /233

202. 金银忍冬 /234

203. 黄花忍冬 /235

204. 长白忍冬 /236

205. 桃色忍冬 /237

206. 繁果忍冬 /238

207. 红花靼靼忍冬 /238

208. 早花忍冬 /239

209. 紫枝忍冬 /240

210. 蓝叶忍冬 /241

211. 蓝靛果忍冬 /242

212. 暖木条荚蒾 /243

213. 鸡树条荚蒾 (天目琼花) /244

214. 欧洲绣球 /245

215. 黑果荚蒾 /246

216. 荚蒾 /247

217. 琼花 /248

218. 接骨木 /249

219. 金叶接骨木 /250

220. 钩齿接骨木 /251

221. 红雪果 /252

222. 猥实 /253

索 引

参考文献

1

常绿树

1. 东北红豆杉 ● 紫杉科 紫衫属

Taxus cuspidata Sieb.et Zuzz.

形态 常绿乔木，高达 20 米。树皮红褐色，有浅裂纹。叶条形，较短而密，排成 2 列，V 形斜展，表面深绿色，有光泽，长 1.5~2.5 厘米。花期 5—6 月。种子卵圆形，紫红色，假种皮肉质，深红色，上部开孔，果期 10 月。

生态 耐阴，耐寒性强。喜冷湿气候及疏松、肥沃、排水良好的土壤，忌积水和沼泽地。

分布 产我国吉林长白山区、黑龙江及辽宁山区，北京、辽宁等地有栽培，日本、朝鲜、俄罗斯有分布。

栽培 播种或扦插繁殖，耐修剪。

用途 园林绿化珍贵观赏树，可孤植、对植或丛植，也可作绿篱树种。

2. 白杆云杉 ● 松科 云杉属
Picea meyeri Rehd. et Wils.

形态 常绿乔木，高达 30 米，胸径 60 厘米，树冠狭圆锥形。叶四棱状条形，弯曲，呈灰绿色，长 1.3～3 厘米，叶端钝。花期 4—5 月。球果长圆状圆柱形，长 5～8 厘米，果期 10 月。

生态 较耐阴，耐寒。浅根性，喜空气湿润。

分布 产我国山西、陕西、河北、内蒙古等省区，辽宁、黑龙江、河南等省及北京、济南等地均有栽培。

栽培 播种繁殖。苗期应设阴棚，冬季应保护。

用途 树形端正，枝叶茂密，叶色灰白，最适孤植、丛植，用于造园配置。

3

3. 华山松 ● 松科 松属
Pinus armandi Franch.

形态 常绿乔木，高 25～35 米。树冠广圆锥形，幼树树皮灰绿色。叶 5 针 1 束，叶质柔软，长 8～15 厘米。球果圆锥状长卵形，成熟时种鳞张开，种子脱落。花期 4—5 月。果期翌年 9—10 月。

生态 喜光，喜温和、凉爽、湿润气候，耐寒，不耐炎热，不耐盐碱。

分布 产我国山西、甘肃、河南、湖北及西南各省，北京、大连、沈阳等地有栽培。

栽培 播种繁殖，生长速度中等或偏快。

用途 造园树种，可孤植、对植或丛植。

4. 侧柏 ● 柏科 柏属

Platycladus orientalis (L.) Franco

形态 常绿乔木，高达 20 米，胸径 1 米。幼树树冠卵状尖塔形，老则广圆形。大枝斜出，小枝直展、扁平。叶全为鳞片状，长 0.1～0.3 厘米。花期 4 月。球果卵形，长 1.5～2 厘米，成熟后裂开，果期 10 月。

生态 喜光，稍耐阴，喜温暖、湿润气候，较耐寒，耐瘠薄，抗盐性强。在沈阳以南生长良好。

分布 产我国内蒙古南部、东北南部、华北、黄河及淮河流域及广东、广西、云南等地，辽宁、吉林、西藏等地有栽培。

栽培 播种繁殖，幼树生长较快，寿命长，耐修剪。

用途 常用作园林树种，也可作绿篱。

5

5.木波罗（树波萝、波罗蜜）　● 桑科　桂木属
Artocarpus heterophyllus Lam.

形态　常绿乔木，高 10～20 米。有乳汁，小枝细。叶互生，椭圆形或倒卵形，长 7～15 厘米，全缘或偶有浅裂，厚革质。聚花果大形常着生于树干，重量可达 50 千克，为世界之冠，果实金黄，味香甜，可食用。果期 7—8 月。

生态　喜光，喜高温、多湿，喜排水良好沙壤土。

分布　产印度和马来西亚，现广泛种植于热带各地，我国华南有栽培。

栽培　播种或扦插繁殖。

用途　宜作行道树、风景树。

6. 槲寄生 ● 桑寄生科　槲寄生属

Viscum coloratum （Kom.）Nakai

形态　常绿半寄生灌木，高
30～60 厘米。枝圆柱形，节稍膨大。
叶对生于枝端，长圆形或倒披针形，
长 3～6 厘米，全缘。花单性异株，
顶生于枝端或分杈处，黄绿色，花期
4—6 月。浆果球形，淡黄色或橘红
色，含黏汁，半透明，果期6—9 月。

生态　喜光，耐寒。常寄生在
杨、柳、榆、栎、梨等树上。

分布　我国北方及华中、西南等
地。

栽培　种子繁殖。

用途　观赏树及药用植物。

7. 阔叶十大功劳 ● 小檗科 十大功劳属
Mahonia bealei (Fort.) Carr.

形态 常绿灌木，高3～4米。小叶7～15片，侧生小叶卵状椭圆形，边缘反卷，表面灰绿色，背面苍白色，硬革质，有光泽，顶生小叶明显较宽，卵形。花黄色，总状花序较短，直立，5～10厘米，花期3—4月。果紫蓝色，秋季果熟。

生态 喜光，耐半阴，喜肥沃、湿润、排水良好土壤，不耐寒。

分布 产我国中部和南部，长江流域及以南地区常栽培，北方有盆栽。

栽培 播种繁殖。

用途 庭园观赏树及药用。

8. 湖北十大功劳 ● 小檗科 十大功劳属
Mahonia confuse Sprague

形态 常绿灌木，高1～2米。树形密集丛生，少分枝，常数干并生。奇数羽状复叶互生，小叶9～17片，叶革质，有光泽，长披针形，叶缘中部以上有疏锯齿。总状花序，花黄色，花期11—12月。浆果卵形，翌年3月成熟时蓝黑色。

生态 喜光，耐半阴，耐干旱、瘠薄，不耐寒。

分布 产我国湖北、四川、贵州等地。

栽培 播种繁殖。

用途 庭园观赏树。

9

9. 海桐（海桐花）　● 海桐科　海桐属
Pittosporum tobira (Thunb.) Ait.

形态　常绿灌木，高 1.5~6 米。小枝近轮生。叶常集生枝端，革质，有光泽，长倒卵形，长 5~12 厘米，先端圆钝，基部楔形，全缘并反卷。伞房花序顶生，花白色或浅黄色，芳香，花期 4—6 月。蒴果卵形，种子红色，果期 9—12 月。

生态　喜光，稍耐阴，喜温暖、湿润气候，对土壤要求不严，抗海潮风及二氧化硫能力强，耐修剪。

分布　产我国东南沿海各省。朝鲜、日本也有分布。

栽培　播种或扦插繁殖。

用途　绿篱材料，孤植、丛植均可，也可观花、观果。

10. 火棘 ● 蔷薇科 火棘属
Pyracantha fortuneana (Maxim.) H.L.Li

形态 常绿灌木，高达3米，枝拱形下垂。叶倒卵状长椭圆形，长1.5～6厘米。花白色，径约1厘米，花期4—5月。果红色，径约0.5厘米，入秋果红如火，宿存枝上，观赏期可达3个月以上。

生态 喜光，喜高温，耐旱，喜排水良好的沙壤土，不耐寒。

分布 我国东部、中部及西南部地区。北方地区盆栽。

栽培 播种或扦插繁殖。

用途 盆栽、绿篱或庭园观赏树。

11. 石楠 ● 蔷薇科 石楠属

Photinia serrulata Lindl.

形态 常绿灌木或小乔木，高 4~6 米。单叶互生，长椭圆形至倒卵状长椭圆形，叶革质，长 9~22 厘米。复伞房花序顶生，花小，白色，直径 10~16 厘米，花期 4—5 月。果期 10 月。

生态 喜光，稍耐阴，喜温暖、湿润气候，耐干旱、瘠薄，不耐水湿。

分布 产我国华东、中南及西南地区，山东、河北、北京等地有栽培，日本、印度尼西亚有分布。

栽培 播种或嫁接繁育。

用途 庭园观赏树。

12. 椤木石楠 （椤木） ● 蔷薇科 石楠属

Photinia davidsoniae Rehd. et Wils.

形态　常绿小乔木，高 6～15
米。树干、枝条常有刺，幼枝发红。
叶互生，革质，长椭圆形至倒卵状披
针形，长 5～15 厘米。复伞房花序，
花白色，花期 5 月。果卵球形，黄红
色，9—10 月果熟。

生态　喜光，喜温暖，耐干旱，
喜排水良好的沙壤土。

分布　产我国长江以南至华南地
区，越南、泰国等地有分布。

栽培　播种或扦插繁殖。

用途　庭园观赏树。

13

13. 厚叶石斑木 ● 蔷薇科 石斑木属
Daphiolepis umbellate (Thunb.) Mak.

形态 常绿灌木，高 2～3 米，近轮状分枝。叶集生于枝端，倒卵形至长椭圆形，长 3～5 厘米，叶缘略反卷，厚革质。花白色，顶生圆锥花序，花期 5—6 月。果球形，径 1 厘米，紫黑色有白粉，果期 8—9 月。

生态 喜光也耐阴，喜温暖至高温，耐干旱，耐碱，抗风，喜肥沃沙质壤土。

分布 产日本琉球及我国台湾，上海、青岛等地有栽培。

栽培 播种或扦插繁殖。

用途 庭园观赏树或盆栽。

14. 枇杷 ● 蔷薇科　枇杷属
Eriobotrya japonica (Thunb.) Lindl.

形态　常绿小乔木，高达 10 米。小枝、叶被及花序均密生锈色绒毛。单叶互生，革质，长椭圆状倒披针形，长 12～30 厘米，中上部疏生浅齿。花白色，芳香，顶生圆锥花序。果近球形，径 2～4 厘米，橙黄色。初冬开花，翌年初夏果熟。

生态　喜光，稍耐阴，不耐寒，喜肥沃、湿润、排水良好的土壤。

分布　产我国中西部地区，现南方普遍栽培。

栽培　播种、嫁接或扦插繁殖。

用途　庭园观赏树。

15. 酸橙 ● 芸香科 柑橘属
Citrus aurantium L.

形态 常绿小乔木。枝三棱状，有长刺。单身复叶互生，革质光滑，卵状矩圆形或倒卵形，叶长 5～10 厘米。花大，1～3 朵簇生，芳香，白色，花期 5—6 月。果扁圆形，径 7～8 厘米，橙黄色，夏、秋季成熟。

生态 喜光，喜湿润环境，稍耐寒，上海可露地越冬。

分布 产亚洲南部及日本，我国长江流域及以南地区有栽培。

栽培 播种繁殖。

用途 庭园观赏树。

16. 柚（香泡、文旦） ● 芸香科　柑橘属

Citrus maxima （Burm.）Merr.

形态　常绿小乔木，高 5～10 米。小枝具棱角，枝刺较大。叶卵状椭圆形，长 9～17 厘米，叶缘有钝齿。花白色，花期 4—5 月。果特大，径 15～25 厘米，黄色，果皮厚，果 11 月成熟。

生态　喜光，稍耐阴，喜高温，喜排水良好沙壤土。

分布　产亚洲南部，我国南方广泛栽培。

栽培　播种或嫁接繁殖。

用途　观赏果树。北方常温室盆栽观赏。

17. 香橼（枸橼） ● 芸香科　柑橘属
Citrus medica L.

形态　常绿灌木或小乔木。具棘刺。叶互生，椭圆形或倒卵状椭圆形，边缘有波状齿。花瓣外面带紫色，内面白色，有香气，春至夏，开花 2～3 次。果椭圆形或近圆形，柠檬黄色，外皮粗厚，甚芳香，果熟期 10—11 月。

生态　喜光，喜温暖、湿润，宜生于肥沃、排水良好的沙壤土，忌干旱，喜通风良好。

分布　产印度北部，我国浙江、福建、广东、四川有栽培。

栽培　扦插或嫁接繁殖。

用途　庭园观赏及盆栽观赏。

18. 柑橘 ● 芸香科　柑橘属
Citrus reticulate Blanco

形态　常绿灌木或小乔木，高3～5米。小枝无毛，通常有刺。叶长卵状披针形，长4～6厘米，全缘或有细钝齿。花白色，花期4—5月。果扁球形，橙黄色或橙红色，10—12月成熟。

生态　喜光，喜温暖、湿润，宜生于肥沃、微酸性的沙壤土。

分布　产我国东南部，长江以南广泛栽培。

栽培　嫁接繁殖。

用途　庭园观赏及盆栽观赏。

19. 佛手 ● 芸香科 柑橘属

Citrus medica var. _sarcodactylis_ (Noot.) Swingle

形态 常绿灌木；枝刺短硬。叶长椭圆形，长 5～12 厘米，先端圆钝，缘有钝齿，叶面油点特显；叶柄无翅，顶端也无关节。花淡紫色，短总状花序。果实各心皮分裂如拳或开展如手指，黄色，有香气。

生态 喜光，喜温暖湿润气候，喜肥沃土壤，不耐寒。

分布 产我国东南部地区。

栽培 嫁接繁殖。各地常盆栽。

用途 观果树种。

20. 金枣 ● 芸香科 金柑属

Fortunella margarita (Lour.) Swingle

形态 常绿灌木，高 40～120 厘米。叶披针形或长椭圆形，长 5～10 厘米，叶腋具短棘刺。花白色，芳香，花期 5—8 月。果椭球形或长卵形，长 2.5～3.5 厘米；金黄色或橙黄色，果期 11—12 月。

生态 喜光，喜高温、湿润，喜排水良好、肥沃土壤。

分布 产我国东南部地区。

栽培 嫁接繁殖。

用途 常盆栽观赏。

21. 金豆 ● 芸香科 金柑属

Fortunella venosa (Champ.) Huang

形态 常绿小灌木，高 40～80 厘米。枝有刺。叶披针形或长椭圆形，长 2～4 厘米。初夏开花。果扁球形，径 0.6～0.8 厘米，橙黄如豆，果期冬季。

生态 喜光，喜高温，喜排水良好、肥沃的沙壤土。

分布 本种为杂交种，产我国东南部。

栽培 华东、华南多盆栽。

用途 盆栽观赏，果味酸，可生食。

22. 日本茵芋红玉珠　●芸香科　茵芋属
Skimmia japonica 'Veitchii'

形态　常绿小灌木，高不及 1
米。叶椭圆形至长圆状倒卵形，全
缘，革质光亮。圆锥花序顶生，有香
气，花期 10 月至翌年 4 月。核果浆
果状，球形，鲜红色，果期 8—9 月。

生态　耐阴，喜温暖、湿润气
候，稍耐寒，喜微酸性土壤。

分布　由欧洲引入，我国浙江、
上海等地有栽培。

栽培　扦插或播种繁殖。

用途　庭园观赏树。

23. 五月茶 ● 大戟科 五月茶属
Antidesma bunius (L.) Spreng.

形态 常绿乔木，高达10米。叶互生，椭圆形至倒卵形，长8～20厘米，全缘，表面有光泽，背面仅中脉有毛。花小，绿色，单性异株，无花瓣，雄花为穗状花序，雌花为总状花序，花期3—5月。核果近球形，径0.8～1厘米，熟时红色，果期6—11月。

生态 喜光，喜高温，不耐寒，喜石灰质的壤土。

分布 产亚洲东南部，我国南部至西南部有分布。

栽培 播种或扦插繁殖。

用途 庭园观赏树。

23

24. 大叶黄杨　● 卫矛科　卫矛属

Euonymus japonicus L.

形态　常绿灌木或小乔木，小枝四棱形。叶对生，革质，倒卵形或椭圆形，长3～7厘米。聚伞花序腋生，淡绿色，花期6—7月。蒴果粉红色，近球形，假种皮橘红色，果期11月。

生态　喜光，也耐半阴，喜温暖、湿润气候，稍耐寒。喜排水良好的沙壤土或腐殖土。

分布　产日本。我国中部各地及华北、北京、大连等地有栽培。

栽培　播种或扦插繁殖，耐修剪。

用途　绿篱或整形树种。

25. 芒果 ● 漆树科 芒果属
Mangifera indica L.

形态 常绿乔木，高达 25 米。叶互生，长椭圆状披针形，长 20～30 厘米，全缘，革质。冬至春开花，顶生圆锥花序，黄褐色至红褐色。核果卵形或肾形，果熟黄色，酸甜。

生态 喜光，喜高温，喜排水良好的壤土。

分布 产马来西亚、印度、缅甸。我国华南地区有栽培。

栽培 播种繁殖，果后局部修剪一次。

用途 庭园树及行道树。

26. 冬青 ● 冬青科 冬青属
Ilex purpurea Hassk.

形态 常绿乔木，高 13～20 米。树皮灰绿色，平滑。叶长椭圆形至披针形，长 5～11 厘米，缘有钝齿，薄革质，干后呈红褐色。花淡紫色，聚伞花序，腋生于幼枝上，5 月开放。果红色，11 月成熟。

生态 喜光，稍耐阴，不耐寒，喜温暖气候，喜肥沃的酸性土。

分布 产长江流域及其以南地区。

栽培 播种繁殖。

用途 绿篱及庭园观赏树。

27. 大叶冬青　● 冬青科　冬青属

Ilex latifolia Thunb.

形态　常绿乔木，高达 20 米。小枝粗，有纵棱。叶大，厚革质，长椭圆形，长 10～20 厘米，宽 4.5～7.5 厘米，缘有细尖锯齿，叶柄粗壮，稍扁。花黄绿色，密集簇生叶腋，花期 4—5 月。果球形，鲜红色，径约 1 厘米，果期 6—11 月。

生态　喜光，也能耐阴，喜温暖、湿润、凉爽环境，不耐寒。

分布　产日本及我国长江下游至华南地区。

栽培　播种或扦插繁殖。

用途　园林绿化及观赏树种。

27

28. 枸骨 ● 冬青科　冬青属

Ilex corunta Lindl.

形态　常绿灌木或小乔木，高3～4米。叶硬革质，具坚硬刺齿5枚，矩圆状方形，长3.5～10厘米，叶端向后弯，叶面深绿而有光泽。花小，黄绿色，簇生于2年生枝叶腋，花期4—5月。核果球形，鲜红色，径0.8～1厘米，果期9月。

生态　喜光，稍耐阴，稍耐寒，适应性较强。

分布　产我国长江中下游各省，北京及山东等地有栽培，朝鲜有分布。

栽培　播种繁殖。

用途　观果树种。

29. 无刺枸骨　● 冬青科　冬青属

Ilex cornuta var. ***fortunei*** S.Y.Hu

叶缘无刺，其他同原种。

30. 可可树 ● 梧桐科 可可树属
Theobroma cocao L.

形态 常绿小乔木，高达8米。叶互生，长椭圆形或长倒卵形，先端尖，幼叶红褐色。秋至春开花。花着生于树干，3~6朵一簇，淡红色。果实长纺锤状卵形，表面有10脊棱，果熟时呈橙黄至鲜红色。

生态 喜光，喜高温、多湿，喜排水良好、肥沃的沙壤土。

分布 产热带南美洲及北美洲、西印度群岛。我国南方热带有栽培。

栽培 播种繁殖。

用途 庭园观赏树。

31. 梭罗树 ● 梧桐科 梭罗树属
Deevesia pubescens Mast.

形态 常绿乔木，高达 16 米。叶互生，卵状长椭圆形，长 7~12 厘米，全缘，表面疏生短柔毛，背面密被淡黄褐色星状毛。花白色，聚伞状伞房花序顶生，花期 5—6 月。蒴果木质，梨形，具 5 棱，长 2.5~3.5厘米，密生淡黄褐色柔毛，果期秋季。

生态 喜光，喜高温、多湿气候，不耐寒。

分布 产我国海南、广西及西南地区。

栽培 播种繁殖。

用途 庭荫树或行道树。

32. 厚皮香 ● 山茶科　厚皮香属

Ternstroemia gymnanthera (Wight et Arn.) Beddome

形态　常绿灌木或小乔木，高 3~8 米。近轮状分枝，嫩枝稍粗壮。叶集生枝顶，倒卵状长椭圆形，长 5~10 厘米，全缘或上半部有疏钝齿，薄革质，有光泽，叶柄短而红色。花小，淡黄色，浓香，花期 6—7 月。浆果球形，红色，径 0.7~1 厘米，果期 9—10 月。

生态　喜温暖、湿润和半阴环境，对多种有毒气体有较强抗性，对二氧化硫具有吸收能力。

分布　产我国南部及西南部，越南、柬埔寨、印度有分布。

栽培　播种或扦插繁殖。

用途　庭园观赏树及厂区绿化树种。

33. 山茶花 ● 山茶科 山茶属

Camellia japonica L.

形态 常绿乔木或灌木，高 1～3 米。嫩枝无毛。叶椭圆形或倒卵形，长 5～10 厘米，革质，表面暗绿色且有光泽，缘有细齿。花大，径 5～12 厘米，近无柄，单瓣红花。栽培种达千种以上，单瓣或重瓣，花色多样，花期 2—4 月。蒴果近球形，径 2～3 厘米，秋季果成熟。

生态 喜半阴，喜温暖湿润气候，稍耐寒，喜肥沃、湿润、排水良好的酸性土壤。

分布 产日本、朝鲜和中国，我国东部和中部地区栽培较多。

用途 庭园观赏或盆栽树。青岛等地小气候良好处可露地栽培。

34. 红果金丝桃 ● 藤黄科 金丝桃属
Hypericum inodorum 'Excellent Flair'

形态 常绿灌木，高1.2米。单
叶对生，无柄，椭圆形，长10～12
厘米，亮绿色。花金黄色，聚伞花
序，花期6—8月。果亮红色，成熟
7—11月。

生态 喜光，耐半阴，不耐寒，
喜湿润、排水良好的土壤。

分布 引自欧洲，上海、浙江等
地有栽培。

栽培 扦插或分株繁殖。

用途 庭园观赏树。

35. 胡颓子 ● 胡颓子科　胡颓子属
Elaeagnus pungens Thunb.

形态　常绿灌木，高 3～4 米。
小枝有锈色鳞片，刺较少。叶椭圆
形，长 5～7 厘米，全缘而常波状，
革质，有光泽，背面银白色，并有锈
色斑点。花银白色，芳香，9—11 月
开花。果椭圆形，长 1.5 厘米，红
色，翌年 5 月果熟。

生态　喜光，耐半阴，耐干旱，
也耐水湿，对有害气体抗性强。

分布　产我国长江中下游及其以
南各地。

栽培　播种或扦插繁殖。

用途　庭园观赏树。

36. 菲油果　● 桃金娘科　菲油果属

Feijoa sellowiana O. Berg

形态　常绿灌木或小乔木，高达5～6米。叶对生，椭圆形至长椭圆形，长达7.5厘米，全缘，表面绿色有光泽，背面密生白绒毛。花单生叶腋，径4厘米，花瓣4，里面带紫色，花期5—6月。浆果卵状椭圆形，绿色稍带红色，长5～7.5厘米，果秋冬成熟。

生态　喜光，喜温暖、湿润气候，能耐 −10℃低温，耐干旱，耐盐碱土及海风。

分布　产南美洲，我国上海及云南等地有栽培。

用途　庭园观赏树，果可食。

37. 咖啡 ● 茜草科　咖啡属
Caffea arabica L.

形态　常绿灌木或小乔木，高5~8米。节部膨大。叶对生，长卵状椭圆形至披针形，长7~15厘米，全缘或浅波状，两面无毛，有光泽。花白色，芳香。浆果椭圆状球形，长1~1.5厘米，熟时红色。

生态　喜光，喜高温、多湿气候，抗性较强。

分布　产热带非洲及阿拉伯半岛，现世界热带地区广泛栽培，我国台湾、华南及西南地区有栽培。

栽培　播种繁殖。

用途　庭园观赏树及果树。

37

38. 澳洲鸭脚木 ● 五加科　鹅掌柴属
Schefflera actinophylla (Endl.) Harms

形态　常绿灌木，高 10～20 米。掌状复叶，小叶 7～16 片，长椭圆形，长 10～30 厘米，革质，全缘，有光泽。花小，红色，由密集的伞形花序排成总状花序，长 45 厘米。核果近球形，紫红色。

生态　喜光，也耐半阴，喜高温、多湿，喜排水良好的沙质壤土。冬季要温暖避风。

分布　产澳洲、新几内亚等地，我国南方有栽培，北方盆栽。

栽培　播种或扦插繁殖。

用途　庭园观赏树或室内盆栽。

38

39. 八角金盘 ● 五加科 八角金盘属
Fatsia japonica (Thunb.) Decne. et Planch.

形态 常绿灌木，高达 5 米，常成丛生状。叶 7～9 掌状深裂，基部心形，叶表面有光泽，两面无毛，革质，缘有齿。花小，乳白色，伞形花序，夏秋开花。果卵形，径 0.8 厘米。

生态 耐半阴，喜冷凉，忌高温，不耐寒，喜湿润土壤，对有害气体抗性强。

分布 产日本。我国长江以南城市有栽培，北方盆栽。

栽培 播种、扦插或压条繁殖。

用途 庭园观赏或盆栽树。

40. 香港四照花 ● 山茱萸科 四照花属

Dendrobenthamia hongkongensis Hemsl.

形态 常绿乔木，高 18 米。叶对生，椭圆形、长椭圆形或倒卵状椭圆形，长 6.2～13 厘米。头状花序顶生，具花 50～70 朵，总苞苞片 4 枚，白色花瓣状，花期 5—6 月。核果成熟时黄色至红色，果熟 10—11 月。

生态 较耐阴，不耐寒，喜空气湿润、夏季凉爽的环境，忌干燥、瘠薄，忌积水。

分布 产浙江、江西、湖南、福建、广东、广西、四川、云南等地。

栽培 播种繁殖。

用途 庭园观赏树。

40

41. 朱砂根 ● 紫金牛科 紫金牛属
Ardisia crenata Sims

形态 常绿小灌木，高 30～80 厘米。有匍匐根状茎。单叶互生，长椭圆形，厚纸质，叶缘反卷有波状锯齿，叶面有腺点，两面无毛，有光泽。花小，芳香，伞形花序或聚伞状，顶生于侧枝上，花期初夏。核果球形，成熟亮红色，果熟在秋冬季。

生态 耐半阴，忌强光直射，喜冷凉至温暖，不耐寒（最低温度10℃以上）。喜排水良好、富含腐殖质的湿润土壤。

分布 产我国长江以南地区，日本、亚洲南部及东南部有分布。

栽培 播种繁殖。

用途 庭园观赏或盆栽树。

41

42. 紫金牛 ● 紫金牛科 紫金牛属
Ardisia japonica (Hornst.) Bl.

形态 常绿小灌木，高约30厘米。具地下匍匐茎，地上茎直立，不分枝。叶常集生茎顶，厚纸质，椭圆形，长3～7厘米，缘有尖齿，表面暗绿而有光泽，背面叶脉明显，中脉有毛。伞形总状花序，花小，白色。核果球形，径0.5～0.6厘米，红色，经久不落。

生态 喜温暖、潮湿、荫蔽或半阴环境，喜疏松、富含腐殖质的土壤。

分布 产我国长江以南各地，朝鲜、日本也有分布。

栽培 播种、扦插、分株或嫁接繁殖。

用途 红果经久不落，常盆栽观赏，或在岩石园、花坛中配置，也常作林下地被，北方盆栽观果。

43. 蛋黄果 ● 山榄科 蛋黄果属

Lucuma nervosa A. DC.

形态 常绿小乔木，高 5~8 米。干皮薄片状裂。叶互生，常集生于枝端，长椭圆形至倒披针形，长 12~20 厘米，全缘，有光泽。花冠钟状 4~6 裂，绿白色，2~4 朵簇生叶腋，花期 4—5 月。浆果肉质，卵形，橙黄色，果期秋季。

生态 喜光，喜高温、多湿气候，不耐寒。

分布 产南美洲、北美洲，我国台湾、华南地区及云南有栽培。

栽培 播种或嫁接繁殖。

用途 庭园观赏树。

44. 人心果　● 山榄科　铁线子属
Manilkara zapota (L.) Royen

形态　常绿乔木，高达 16 米。全株具白色乳汁。叶簇生枝端，倒卵状椭圆形，革质，长 6～13 厘米，全缘。花冠筒状，白色，花期 4—9 月。浆果椭圆形，暗褐色，果期 10 月至翌年 5 月。

生态　喜光，喜高温，不耐寒，喜土层深厚、排水良好的壤土。

分布　产热带美洲，我国华南有栽培。

栽培　播种、压条或嫁接繁殖。

用途　庭园观赏树。

45. 光缘苦枥木 ● 木犀科 白蜡属
Fraxinus insularis var. *integrifolia*

形态 常绿或半常绿乔木，高达20米。小枝灰褐色。小叶5～7片，椭圆状披针形，长5～12厘米，全缘。圆锥花序顶生及腋生，花瓣白色，花梗细长。翅果条形，红色至褐色。

生态 喜光，较耐水湿，也耐轻度盐碱土。

分布 产湖北，上海等地有栽培。

栽培 播种繁殖。

用途 绿化树种。

46. 吊瓜树　● 紫葳科　吊瓜树属

Kigelia atricana (Lam.) Benth.

形态　常绿乔木，高达 15 米。树冠开展。羽状复叶对生或轮生，小叶 7~9 片，椭圆状长圆形至倒卵状长椭圆形，长达 12 厘米，全缘。紫红色花序自老枝上垂下。圆柱状浆果秋季成熟，悬于树上经久不落。

生态　喜光，不耐寒，喜暖热气候，喜富含腐殖质、排水良好的土壤。

分布　产西非热带，我国华南有栽培。

用途　观赏树。

47. 地中海荚蒾 ● 忍冬科 荚蒾属
Viburnum tinus L.

形态 常绿灌木，树冠球形。枝叶浓密。叶椭圆形，深绿色，长 5～10厘米。聚伞花序，径 10厘米，花蕾粉红色，蕾期可达 5个月，花白色，花期从秋季至翌年春季，盛花期在 3 月中下旬。果卵形，蓝黑色，径 10厘米。

生态 喜光，也耐阴，较耐旱，不耐寒（最低温度 −1℃以上），忌土壤过湿。

分布 产地中海地区，我国上海等地有栽培。

栽培 播种或扦插繁殖。

用途 庭园观赏树。

48. 槟榔 ● 棕榈科 槟榔属

Areca catechu L.

形态 常绿乔木，高 16~20 米，茎有明显的环状叶痕。叶聚生于茎顶，长 1.3~2 米，裂片多数，狭长披针形，长 30~60 厘米，宽 2.5~4 厘米，顶端不规则齿裂。肉穗花序多分枝，长 25~30 厘米，花期 3—8 月。果长圆形，长 3.5~6 厘米，橙红色，果期 12 月至翌年 5 月。

生态 喜高温、高湿的热带气候，不耐寒，气温 16℃就有落叶现象，5℃会受冻害，要求雨量充沛，喜土层深厚的保水力强、排水良好、富含有机质的壤土。

分布 产亚洲热带、美洲热带及亚热带、澳大利亚等地有分布。现广泛栽培于我国热带地区。

栽培 播种繁殖。

用途 庭园观赏树，种子供药用。

49. 假槟榔（亚历山大椰子） ● 棕榈科 假槟榔属

Archontophoenix alexandrae H. Wendl. et Drude

形态 常绿乔木，高25米。干挺直，具环纹，基部略膨大。羽状复叶簇生茎顶，小叶多数，狭而长，全缘，叶背面灰白色。肉穗花序下垂，花乳黄色，花期4—5月以及9—11月。果球形，熟时红色，果期12月至翌年5月。

生态 喜光，喜高温、高湿和避风向阳的环境，喜肥沃、排水良好土壤。

分布 产澳大利亚，我国华南地区广为栽培。

栽培 播种繁殖。

用途 我国南方常做行道树和风景树，北方盆栽观赏，但冬季温度不应低于10℃。

50. 椰子 ● 棕榈科　椰子属

Cocos nucifera L.

形态　常绿乔木，高 15～30 米。茎粗壮，其上有环状叶痕，基部加厚。大型羽状复叶，成龄树有叶 25～40 片，丛生于干梢，叶长 3～4 米，裂片多数，线状披针形，长 65～100 厘米，宽 3～4 厘米，叶柄粗壮，长 1 米以上。肉穗花序腋生，长 1.5～2 米，几乎全年开花。坚果倒卵形或近圆形，顶端常凹陷，7—9 月果熟。

生态　喜光，在高温、湿润、海风吹拂下，生长良好，要求最低温度 10℃以上，喜排水良好、土层深厚土壤。

分布　产我国台湾、海南、云南及南太平洋诸岛，亚洲东南部广泛栽培。

栽培　播种繁殖。

用途　观赏树，其经济价值颇大。

51. 布迪椰子 ● 棕榈科 布迪椰子属

Butia capitata (Mart.) Becc.

形态 常绿乔木，高 2~5 米。单干粗壮。羽状复叶，长 2~2.6 米，呈弧形弯曲，小叶条形，长达 70 厘米，银绿色，叶背银白色，较柔软，叶柄具刺。花单性同株，佛焰花序长 1.2~1.5 米，具细长侧生分枝。核果圆锥状卵形。

生态 喜光，喜温暖气候，耐干热，不耐寒。

分布 产巴西、乌拉圭，我国华南地区有栽培。

栽培 播种繁殖。

用途 庭园观赏树。

52. 棕榈 ● 棕榈科 棕榈属

Trachycarpus fortunei (Hook. f.) H. Wendl.

形态 常绿乔木，高 5～10 米。茎圆柱形，不分枝。叶簇生径顶，叶掌状深裂，裂片较硬直。叶柄两端有细齿。肉穗花序多数簇生，花极小，淡黄色，花期 4—5 月，核果球形，成熟呈蓝黑色，果期 10—12 月。

生态 喜光，稍耐阴，喜高温、湿润气候，不耐寒，抗大气污染。

分布 产我国及缅甸，我国长江流域及其以南地区常栽培。

栽培 播种繁殖。

用途 绿化观赏树。

2

落叶树

1. 银杏 ● 银杏科　银杏属
Ginkgo biloba L.

形态　乔木，高 15～40 米。叶在长枝上螺旋状，在短枝上丛生。叶片扇形，顶端 2 浅裂。花单性异株，雄花为荑荑花序，雌花丛生，有长柄，花期 4—5 月。种子核果状，外种皮肉质，熟时橙黄色，种子 9—10 月成熟。

生态　喜光，喜温暖、湿润气候，喜排水良好的沙壤土，以中性或微酸性土最适宜。能耐 −32℃ 低温，又能适应高温多雨气候，适应性很强。

分布　我国特产，辽宁以南、广州以北均有栽培，浙江天目山有野生。

栽培　播种繁殖。深根性树种，寿命极长，可达千年以上，播种苗经 15 年左右能开花结实。

用途　庭园观赏树、行道树或风景树。

2. 金钱松 ● 松科 松属

Pseudolarix amabilis (Nels.) Rehd.

形态 乔木，高达 40 米，胸径 1.5 米。树干通直，树冠宽塔形，枝平展。叶条形，长 3~7 厘米，短枝上叶簇状密生，平展呈圆盘形，长枝上叶螺旋状排列，入秋变黄如金钱。花期 4 月。球果当年成熟。

生态 喜光，喜温暖、多雨气候，喜湿润、肥沃土壤，稍耐寒。

分布 产我国长江流域，南方城市广泛栽培，北京、辽宁熊岳等地也有栽培。

栽培 播种繁殖。

用途 世界著名庭园观赏树之一。

3. 池杉（池柏） ● 杉科 落羽杉属

Taxodium ascendens Brongn.

形态 乔木，高达 25 米。树干基部膨大，树皮纵裂或长条片状脱落，大枝向上伸展，二年生枝褐红色。叶锥形略扁，长 0.4～1 厘米，螺旋状互生，通常不为二列状。球果圆球形或长圆状球形，熟时褐黄色。花期 3—4 月，球果 10—11 月成熟。

生态 喜光，喜温热气候，稍耐寒，极耐水湿，也耐干旱，不耐碱性土，抗风力强。

分布 产北美东南部，生于沼泽地上。我国长江流域有栽培。

栽培 播种或扦插繁殖。

用途 观赏树，更适宜水溪湿地栽植，为平原水网地区主要造林绿化树种之一。

4. 枫杨 ● 胡桃科 枫杨属

Pterocarya stenoptera C. DC.

形态 乔木，高达 30 米，胸径 1 米以上。树冠广卵形，裸芽密被锈褐色毛。复叶，小叶 10~28 片。雄花生于上年枝叶腋，雌花生新枝顶端，花期 5 月。坚果具两斜展翅，果期 8 月。

生态 喜光，稍耐阴，较耐寒，生于溪畔、河滩、低湿之地，也耐干旱。

分布 我国华北、华中、华东及西南各地，辽宁沈阳等地有栽培。

栽培 播种或扦插繁殖。

用途 庭园观赏树、行道树或固堤护岸树种。

5. 美国山核桃（薄壳山核桃） ● 胡桃科 山核桃属

Carya illinoinensis (Wangenh.) K. Koch

形态 乔木，高达 55 米。小叶 11～17 片，为不对称的卵状披针形，长 15～18 厘米，有不整齐锯齿，叶柄有短腺毛。花期 5 月。果椭球形，黄绿色，核壳薄，果期 10～11 月。

生态 喜光，喜温暖、湿润气候，耐水湿，不耐干旱、瘠薄。

分布 产美国东南部及墨西哥。我国南方各地常有栽培，以福建、浙江及江苏南部一带较集中。

栽培 播种、嫁接或扦插繁殖。

用途 优良的绿化树种，宜孤植、丛植于坡地或草坪。

6. 千金鹅耳枥（千金榆） ● 桦木科 鹅耳枥属
Carpinus cordata Bl.

形态 乔木，高 15 米，胸径 70 厘米。树皮灰色，纵裂。叶椭圆状卵形或卵形，长 8～14 厘米，叶基心形，叶缘重锯齿具刺毛状尖头。花期 4—5 月。果苞膜质，椭圆形，果期 9 月。

生态 喜光，稍耐阴，喜中性土壤，耐瘠薄，多生于较湿润、肥沃的阴山坡或山谷杂木林中。

分布 我国东北、华北及陕西、甘肃等省区，朝鲜、日本也有分布。

栽培 播种繁殖。

用途 庭园观赏树。

7. 板栗 ● 壳斗科 栗属

Castanea mollissima Bl.

形态 乔木，高达 20 米。树冠扁球形。树皮灰褐色。叶长椭圆形或椭圆状披针形，长 9～18 厘米，叶缘锯齿状，齿端芒状。雄花序直立，总苞球形，密被长针刺，花期 5—6 月。果期 9—10 月。

生态 喜光，较耐寒，耐旱，喜温凉气候，对土壤要求不严。

分布 我国特产树种，产辽宁南部及东部，华北和长江流域栽培较多。

栽培 播种繁殖。

用途 庭园观赏树及果树。

8. 榔榆 ● 榆科 榆属

Ulmus parvifolia Jacq.

形态 乔木，高15米。树皮薄，鳞片状剥落后仍较光滑。叶小而厚，卵状椭圆形至倒卵形，长2～5厘米。花期9月。果期10月。

生态 喜光，喜温暖、湿润气候，较耐寒，耐干旱、瘠薄。

分布 产华北、华东、西南各地，东北南部城市有栽培，朝鲜、日本也有分布。

栽培 播种繁殖。

用途 庭荫树及制作盆景。

9. 裂叶榆 ● 榆科 榆属

Ulmus laciniata （Trantz.） Mayr

形态 乔木，高达 25 米，胸径 50 厘米。叶倒卵形或卵状椭圆形，长 6～18 厘米，叶先端 3～7 裂，裂片三角形或呈长尾状，叶面粗糙，背面有短柔毛。翅果椭圆形或长圆状椭圆形，长 1～2 厘米。花果期 4—5 月。

生态 喜光，稍耐阴，较耐干旱、瘠薄，多生于湿润的山谷、平地或杂木林内。

分布 产我国东北、华北及内蒙古等地区，长春、沈阳及新疆等地有栽培。朝鲜、日本、俄罗斯有分布。

栽培 播种繁殖。

用途 庭荫树及观赏树。

10. 榆树　● 榆科　榆属
Ulmus pumila L.

形态　乔木，高达 25 米。树冠广卵圆形，树皮暗灰色。叶卵状长椭圆形，长 2~8 厘米，叶缘有不规则的单锯齿。花期 4 月。翅果近圆形，果期 5 月。

生态　喜光，耐寒，耐干旱、瘠薄和盐碱，能适应干旱、凉爽气候，适应性强。

分布　产我国北部、中部等地区，蒙古、朝鲜、俄罗斯有分布。

栽培　播种繁殖。

用途　行道树、庭荫树及绿篱。

11. 桑 ● 桑科 桑属

Morus alba L.

形态 乔木，高达 16 米，树冠
倒广卵形。叶卵形或卵圆形，长 6～
15 厘米。雌雄异株，雄花序下垂，
雌花序直立，花期 5 月。聚花果长卵
形至圆柱形，果期 6—7 月。

生态 喜光，喜温暖、湿润气
候，耐干旱、瘠薄，耐寒，耐轻盐
碱，耐烟尘，但不耐涝，适应性强。

分布 产我国中部，现全国各地
广泛栽培，朝鲜、蒙古、日本及中亚
西亚、欧洲有分布。

栽培 播种繁殖。

用途 庭荫树，适于工矿区绿化。

64

12. 白果桑树 ● 桑科 桑属

Morus alba 'Leucocarpa'

乔木，其果实（桑葚）熟时由绿变为白色，其他同原种。辽宁熊岳等地有栽培。

13. 龙爪桑 ● 桑科 桑属
Morus alba 'Tortuosa'

形态 小乔木，高 2~3 米，树冠伞形，枝条弓字形扭曲。其他同桑树。

生态 同桑树。

分布 华北及东北南部地区有栽培。

栽培 嫁接繁殖。

用途 庭园观赏树。

14. 鸡桑　● 桑科　桑属
Morus australis Poir.

形态　乔木或灌木，高 8 米。叶卵圆形，长 6~17 厘米，叶缘具粗锯齿，有时有裂，表面粗糙，背面密被短柔毛。花柱明显，花期 5 月。果期 7 月。

生态　喜光，耐旱，耐寒，抗风，不耐涝，长生于向阳山坡上。

分布　产华北、华中及西南地区，辽宁有分布。

栽培　播种、扦插或分蘖繁殖。

用途　庭荫树。

15. 构树 ● 桑科　构树属

Broussonetia papyrifera Vent.

形态　乔木，高达 16 米。树皮浅灰色，小枝密生丝状刚毛。单叶互生，叶卵形至广卵形，长 7～26 厘米。花单性同株，聚花果球形，橘红色，花期 5—6 月。果期 9 月。

生态　喜光，喜湿润，耐干旱、瘠薄，稍耐寒，也能生于水边，耐烟尘，抗大气污染力强。

分布　我国黄河流域至华南、西南等地区，辽宁南部有栽培。

栽培　播种、分蘖或压条繁殖。

用途　绿化观赏树种。

68

16. 木通马兜铃 ● 马兜铃科　马兜铃属
***Aristolochia manshuriensis* Kom.**

形态　木质藤本，茎长可达 10 余米。单叶互生，叶卵圆形至卵状心形，长 11～29 厘米。花被筒呈马蹄形弯曲，花径 2～5 厘米，浅黄色，具紫色条纹，花期 7—8 月。蒴果柱形，具 6 棱，长 9～11 厘米。茎内导管孔大，由茎一端吹气可达另一端，故称"木通"。

生态　耐阴、耐寒，常生于山地较阴湿的阔叶和针阔叶混交林中，或生于山沟灌丛、路边林缘，缠绕在其他树种枝干上。

分布　产我国东北及河南、陕西

等地区，朝鲜、俄罗斯有分布。

栽培　播种或扦插繁殖。

用途　可做垂直绿化材料及药用。

69

17. 紫斑牡丹 ● 芍药科 芍药属

Paeonia rockii (S.G.Haw.&L.A.Lauener) T.Hong er J.J.L.

形态 灌木，高 0.5~1.5 米。2 回羽状复叶，小叶 19 片以上，小叶有深缺刻，叶背沿脉疏生黄色柔毛。花大，单生枝顶，花瓣约 10 片，白色或粉红色，在瓣基部腹面有明显的深紫色斑块，为牡丹中的珍品。品种多，除白花外，尚有粉、红、紫、黄等色。花期从 4 月末到 6 月上旬。

生态 喜光，耐寒（能耐−30℃），耐旱，较耐碱，喜冷凉干燥。

分布 我国秦岭山脉、大巴山及其余脉神农架林区，栽培品种分布在西北地区，沈阳、长春等地有栽培。

栽培 扦插或分株繁殖。分株宜于秋季进行，从 9 月下旬到 10 月上旬最为适宜。

用途 园林中常布置为专类牡丹园或庭园栽培。

18. 牡丹 ● 芍药科 芍药属
Paeonia suffruticosa Andr.

形态 灌木，分枝短而粗壮。叶互生，常为2轮3出复叶，少数近枝顶的叶为3小叶。花单生枝顶，径10～15厘米，单瓣或重瓣，花有紫、粉红、深红、白、黄、豆绿等色，花期5～6月。果期9月。

生态 喜光，在半阴环境下生长良好，稍耐寒，畏热，耐干燥，喜凉爽，喜深厚、肥沃、排水良好的沙壤土。

分布 产我国西北部，栽培历史悠久，现各地广为栽培，辽宁、吉林等地有栽培，但越冬需培土防寒。

栽培 播种、分株或嫁接繁殖。

用途 常布置作专类花坛、花台、花园，也可盆栽。

71

19. 大叶小檗　●小檗科　小檗属

Berberis amurensis Rupr.

形态　灌木，高 2~3 米。小枝有沟槽，刺常为 3 叉。叶椭圆形或倒卵形，长 5~10 厘米，叶缘有刺毛状细锯齿。花淡黄色，总状花序下垂，具花 10~25 朵，花期 5 月。浆果椭圆形，亮红色，果期 9 月。

生态　喜光，稍耐阴，耐寒，喜肥沃土壤，多生于山地林缘、溪边或灌丛中。

分布　产我国东北、华北、西北等地区，朝鲜、日本、俄罗斯有分布。

栽培　播种繁殖。

用途　观花、观果灌木。植于池畔、石旁或墙隅及树下。

20. 紫叶小檗 ● 小檗科 小檗属
***Berberis thunbergii* 'Atropurpurea'**

形态 灌木，高 1～2 米，多分枝。幼枝带红色，枝节有锐刺，细小。叶 1～5 片簇生，匙状矩圆形或倒卵形，全缘，叶深紫色或紫红色。伞形花序或簇生，花黄色，花期 4—5 月。浆果椭圆形，鲜红色，果期8—9 月。

生态 喜光，喜温暖向阳、排水良好的土壤。喜潮湿环境，也耐旱，较耐寒，对土壤要求不严。

分布 产日本，我国南北各地有栽培，辽宁以北地区生长不良。

栽培 播种或扦插繁殖。

用途 作绿篱或模纹色块，也可丛植、孤植或成片栽植。

73

21. 天女木兰（天女花） ● 木兰科 木兰属

***Magnolia sieboldii* K. Koch.**

形态 小乔木或灌木状，高达10米。枝细长无毛。叶宽椭圆形或倒卵状长圆形，长7～25厘米。花瓣白色，6枚，芳香，花萼淡粉红色，3枚反卷，径7～19厘米。一年开两次花，第1次5—6月，第2次7—8月。果期9—10月。

生态 较耐阴，耐寒，喜深厚、肥沃、排水良好的土壤，喜生于冷凉、湿润的山谷阴坡。

分布 产我国辽宁、吉林、河北、安徽、江西、福建、广西等省区，长春、沈阳、本溪等地有栽培。朝鲜、

日本有分布。

栽培 播种繁殖。

用途 庭园观赏树。

22. 玉兰 ● 木兰科 木兰属

Magnolia denudata Desr.

形态 乔木，高 15 米。树冠卵形或近球形。叶倒卵状长椭圆形，长 8～18 厘米。花大，花径 12～15 厘米，纯白色，芳香，花萼与花瓣相似，共 9 片，花期 4 月，先叶开放。果期 9—10 月。

生态 喜光，稍耐阴，较耐寒，较耐干旱，不耐积水；喜肥沃、湿润、排水良好的土壤。

分布 产我国中部，国内外庭园常见栽培，北京及东北南部有栽培。

栽培 播种、压条或嫁接繁殖。

用途 庭园观赏树。

23. 长白茶藨 ● 虎耳草科 茶藨属
Ribes komarovii A.Pojark.

形态 灌木，高 1.5～2 米，枝灰色。叶质厚，近革质，叶近圆形，长 2～5.5 厘米，掌状 3 浅裂，中裂片较大，叶面无毛，背面沿脉疏被腺毛。花淡绿色，花期 5—6 月。浆果球形，红色，果期 8—9 月。

生态 喜光，稍耐阴，耐寒，生于山坡阔叶林中、林缘或灌丛中，岩石裸露土层较薄山地也有生长。

分布 我国黑龙江、吉林及辽宁山区，朝鲜、俄罗斯也有分布。

栽培 播种或分根繁殖。

用途 庭园观果灌木。

24.圆醋栗 ● 虎耳草科 茶藨属

Ribes grossularia L.

形态 灌木,高约1米。节具3叉刺,刺长约1厘米,节间背刺毛。叶近圆形,长2~4厘米,3~5裂,裂片钝尖,边缘具粗齿牙,叶背沿叶脉有短柔毛。花1~3朵,花瓣小,淡绿白色,花期5月。浆果近球形,黄绿色或带红褐色,果期7—8月。

生态 喜光,耐寒,喜肥沃土壤。

分布 产欧洲、北美及喜马拉雅地区,我国东北地区有栽培。

栽培 观叶、观果灌木,可孤植、片植或与乔木配置。果酸,制果酱、果汁或酿酒。

25. 黑果茶藨（黑加仑） ● 虎耳草科　茶藨属
Ribes nigrum L.

形态　灌木，高 1~2 米。嫩枝淡褐色或灰褐色。叶片掌状 3 裂或不明显的 5 裂，长 4~7 厘米，边缘具锐尖或稍钝的锯齿，表面无毛，背面叶脉隆起，沿叶脉疏生短柔毛。总状花序，具花 5~20 (28) 朵，花期 5 月。浆果球形或近椭圆形，成熟时紫黑色，具黄色腺点，果期 6 月下旬至 7 月初。

生态　喜光，稍耐阴，耐寒，喜肥沃土壤，生于落叶林下或林缘。

分布　产欧洲及我国大兴安岭北部，我国东北及河北、内蒙古等地有栽培。朝鲜、蒙古、俄罗斯有分布。

栽培　播种或扦插繁殖，为了保持优良品种的特性，需采用扦插、压条等无性繁殖法育苗。

用途　观赏灌木。

26. 黑果腺肋花楸 ● 蔷薇科 腺肋花楸属
Aronia melanocarpa (Michx.) Elliott

形态 灌木，高 1.5～3 米。叶卵圆形，深绿色，秋季叶色变红。花束密集，艳丽芳香，复伞房花序，花期 5 月。果球形，紫黑色，果径 1.4 厘米，冬季果实宿存枝头，至翌年 3 月。

生态 喜光，极耐寒（能耐 −40℃），耐盐碱。

分布 产美国东北部，欧洲有百余年栽培史，我国 2002 年从美国引种，北京及辽宁等地有栽培。

栽培 播种繁殖。

用途 观赏灌木。果可制饮料及造酒。

79

27. 木瓜 ● 蔷薇科 木瓜属
Chaenomeles sinensis (Thouir) Koehne

形态 灌木或小乔木，高 5~10 米。枝无刺，小枝幼时有柔毛，紫红色或紫褐色。叶椭圆状卵形或椭圆状矩圆形，长 5~8 厘米，边缘带刺芒状尖锐锯齿，革质。花单生叶腋，花淡粉色，花期 4—5 月，叶后开放。梨果长椭圆形，暗黄色，木质，芳香，果期 8—10 月。

生态 喜光，喜温暖，较耐寒，喜土壤排水良好，不耐盐碱和低湿地。

分布 我国山东、陕西、安徽、江苏、浙江、江西、湖北、广东、广西等省区，北京、大连有栽培。

栽培 播种或嫁接繁殖。

用途 本种花美果香，常植于庭园观赏。

28. 水枸子 ● 蔷薇科 枸子属
Cotoneaster multiflorus Bge.

形态 灌木，高 4 米。枝常呈弓形弯曲。叶卵形至宽卵形，长 2~5 厘米。花白色，聚伞花序，具花 6 至多朵，花期 5 月。果球形，红色，果期 9—10 月。

生态 喜光，稍耐阴，较耐寒，耐干旱、瘠薄。

分布 产我国东北南部、华北、西北、西南及内蒙古地区，亚洲西部和中部地区有分布。

栽培 播种繁殖。

用途 秋季红果累累，经久不凋，为优良的观花、观果树种。

29. 俄罗斯山楂　● 蔷薇科　山楂属
Crataegus ambigua C. A. Mey

形态　小乔木，小枝粗壮，幼枝密被柔毛。叶宽卵形，叶被灰白色柔毛，单叶互生。复伞房花序，花白色，花期5—6月。果球形，黑色，果期8—9月。

生态　喜光，耐寒，耐旱，喜排水良好的土壤。

分布　产俄罗斯。我国北京、沈阳等地有栽培。

栽培　播种或嫁接繁殖。

用途　庭园观赏树。

30. 甘肃山楂 ● 蔷薇科 山楂属
Crataegus kansuensis Wils.

形态 灌木或小乔木，高 3～4 米。枝刺较多，小枝光滑，2 年生枝紫褐色，有光泽。叶片宽卵形，长 4～7 厘米，缘具重锯齿和 5～7 对不规则浅裂片，叶面及叶背均有毛。花白色，8～18 朵构成伞房花序，花期 5 月。果近球形，橘红色，果期 8—9 月。

生态 喜光，耐寒，较耐干旱，喜生沙壤土。

分布 产我国甘肃、山西、陕西、贵州、四川等省，北京、沈阳等地有栽培。

栽培 播种繁殖。

用途 庭园观赏树。

83

31. 毛山楂 ● 蔷薇科 山楂属

Crataegus maximowiczii Schneid.

形态 小乔木，高达 7 米。嫩枝密被柔毛。叶宽卵形或菱状卵形，长 4~6 厘米，边缘有 3~5 浅裂，疏生重锯齿，背面密生柔毛。花白色，多花构成伞房花序，花梗被柔毛，花期 5 月。果实球形，红色至暗紫色，果期 8—9 月。

生态 喜光，稍耐阴，较耐干旱、瘠薄，适生于排水良好的沙壤土。

分布 我国东北、西北及内蒙古、河北等省区。朝鲜、日本也有分布。

栽培 播种繁殖。

用途 庭园观赏树。

32. 山里红 ● 蔷薇科 山楂属
***Crataegus pinnatifida* Bge.**

形态 小乔木，高达6米。树皮灰色或灰褐色。叶三角形、卵形或菱状卵形，长5～12厘米，有3～7羽状裂，边缘重锯齿。花白色，伞房花序，花期5月。果近球形，直径1～1.5厘米，鲜红色，果期9月。

生态 喜光，稍耐阴，耐寒，耐干旱、瘠薄。

分布 我国东北、华北及内蒙古、浙江、江苏等省区。朝鲜、俄罗斯有分布。

栽培 播种繁殖。

用途 庭园绿化及观赏树种。

33. 山楂 ● 蔷薇科 山楂属

***Crataegus pinnatifida* var. *major* N. E. Br.**

形态 小乔木。叶分裂较浅。果较大，径达 2.5 厘米，深亮红色，果期 9—10 月。

生态 喜光，稍耐阴，耐寒，耐干旱及瘠薄土壤，根系发达，萌蘖性强。

分布 我国东北中部、南部及华北等地有栽培。

栽培 嫁接繁殖。

用途 庭园绿化及观赏树种。

34. 东北扁核木 ● 蔷薇科 扁核木属

Prinsepia sinensis （Oliv.） Oliv. ex Bean

形态 灌木，高 2~3 米。多分枝，呈拱形，有腋生枝刺。叶长圆状披针形，长 3~7 厘米，全缘。花淡黄色，1~4 朵簇生叶腋，花期 4 月。核果近圆形，红色，果期 7—8 月。

生态 喜光，耐寒，耐干旱、瘠薄。

分布 产我国东北及内蒙古等地。朝鲜、俄罗斯有分布。

栽培 播种繁殖，种子需层积沙藏。

用途 观果灌木，宜孤植或丛植于林缘、坡地、庭园、公园、宅旁。

35. 鸡麻 ● 蔷薇科 鸡麻属
Rhodotypos scandens (Thunb.) Makino

形态 灌木，高2~3米。幼枝绿色，老枝紫褐色。单叶对生，叶卵形至卵状椭圆形，长4~9厘米；边缘具锐重锯齿。花白色，单生枝端，花径3~4厘米，花瓣4枚，花期5月。果实椭圆形，亮黑色，果期7月。

生态 喜光，稍耐阴，较耐寒，耐旱，不耐涝，喜温暖、湿润性气候，喜排水良好的沙壤土。

分布 产我国辽宁、山东、山西、河南、陕西、甘肃、安徽、浙江、江苏等省，北京、济南、沈阳、大连等地有栽培，日本有分布。

栽培 播种或扦插繁殖。

用途 花叶清秀，可孤植或丛植于草坪一隅、假山石旁、水池岸边，若与蔷薇、棣棠混栽，开花有红、黄、白等色，可相得益彰。

36. 花红 ● 蔷薇科 苹果属

Malus asiatica Nakai

形态 小乔木，高 4~6 米。叶椭圆形至卵形，长 4.5~9 厘米，叶背面密被短柔毛。花粉红色，径 3~4 厘米。果卵形或近球形，径 4~5 厘米，黄色或带红色。

生态 喜光，耐寒，耐干旱，喜排水良好土壤。

分布 产东亚，我国北部及西南部有分布，在东北地区，沈阳以南为主要栽培区。

栽培 嫁接繁殖。

用途 庭园观赏树。

37. 山定子（山荆子） ● 蔷薇科 苹果属
Malus baccata (L.) Borkh.

形态 乔木，高达 10 米。叶卵状椭圆形，长 3~8 厘米，叶缘具细锯齿。花白色，4~7 朵构成伞房花序，花梗细长，花期 4—5 月。果近球形，红色，果期 9—10 月，果经久不凋。

生态 喜光，较耐阴，耐寒，耐旱。

分布 产我国东北、华北、西北地区，北方各地广泛栽培。

栽培 播种繁殖。

用途 庭园观赏树。

38. 亚斯特海棠 ● 蔷薇科 苹果属
Malus 'Ester'

形态 乔木，高 5～7 米。枝条紫红色。幼叶红色，叶深绿色。花粉红色，芳香，花期 4—5 月。果球形，亮红色，秋冬季变成橙红色，冬季果仍不落。

生态 喜光，耐寒，耐旱，忌低洼地。

分布 引自北美。辽宁等地有栽培。

栽培 嫁接繁殖。

用途 庭园观赏树。

39. 亚力红果海棠 ● 蔷薇科 苹果属
Malus 'Red ally'

形态 乔木，高 7～10 米，树冠伞形。新叶紫红色。花深粉色，芳香，花期 4—5 月。果亮红色，可观赏至冬末。

生态 喜光，耐寒，耐旱，忌低洼地。

分布 引自北美。我国辽宁等地有栽培。

栽培 嫁接繁殖。

用途 庭园观赏树。

40. 钻石海棠 ● 蔷薇科 苹果属
Malus 'Sparkter'

形态 小乔木，树形水平开展。干红棕色，小枝条暗紫色。新叶紫红色，老叶绿色。花期5月上旬，花玫瑰红色。果深红色，直径1厘米，果期8—10月。

生态 喜光，较耐寒，耐干旱，适应性强。

分布 由美国引进。我国北京、大连、沈阳等地有栽培。

栽培 嫁接繁殖。

用途 庭园观赏树。

41. 舞乐海棠 ● 蔷薇科 苹果属
Malus domestica 'Wule'

形态 小乔木，树为独干型，树干黄灰色。叶卵圆形，深绿色，无光泽，叶面较平展。在 4 个芭蕾品种中是唯一能生出部分中长枝的品种，发短枝和叶丛能力强。花冠白色或微红色，花期 4 月下旬。果绿黄色，果肉乳白色，质脆，汁多，具香味，果熟9 月。

生态 喜光，较耐寒，较耐干旱。

分布 1990 年由英国引入，我国华北及东北南部有栽培。

栽培 嫁接繁殖，抗病虫害能力较强。

用途 庭园观赏或盆栽树，果可鲜食或榨汁。

94

42. 舞美海棠 ● 蔷薇科 苹果属
Malus domestica 'Wumei'

形态 小乔木，树为独干形（或称柱形）。幼叶红色或绛红色。花朵大，伞房花序，花冠胭脂红色，花期5月。幼果紫红色，围满树干，果9月成熟。

生态 喜光，耐寒，较耐旱，耐盐碱。

分布 产英国，1990年引入我国，华北及东北南部有栽培。

栽培 嫁接繁殖。

用途 庭园观赏树。

43. 垂丝海棠 ● 蔷薇科 苹果属

Malus halliana Kochne

形态 小乔木，高5米。叶卵形或长卵形，长3.5~8厘米。伞房花序，具花4~6朵，粉红色，花梗细弱下垂，花期4~5月。果梨形或卵圆形，径0.6~0.8厘米，紫色，果期9—10月。

生态 喜光，喜排水良好的沙壤土，较耐寒，不耐旱。

分布 产我国长江流域，山东、河南和东北南部有栽培。

栽培 播种繁殖。

用途 庭园观赏树。

44. 湖北海棠（平易甜茶） ● 蔷薇科 苹果属

Malus hupehensis (Pamp.) Rehd.

形态 乔木，高7~8米。枝叶茂密，老枝紫色至紫褐色。叶卵圆形至椭圆形，长5~10厘米，嫩叶紫红色。伞形花序，花粉红色至近白色，花期4—5月。果近球形至椭圆形，径约1厘米，黄绿色稍带红晕，果期8—9月。

生态 喜光，较耐寒，喜温暖湿润气候，较耐水湿，不耐干旱。

分布 我国中部、西部至喜马拉雅地区，华北及东北南部等地有栽培。

栽培 播种或扦插繁殖。

用途 繁花累果，姿态美丽，宜作庭园观赏树。

45. 西府海棠 ● 蔷薇科　苹果属
Malus micromalus Makino

形态　小乔木或灌木，高5米，枝直立性强。叶椭圆形至长椭圆形，长5～10厘米，边缘具锐锯齿。花粉红或红色，单瓣，有时为半重瓣4～7朵构成伞形总状花序，花期4—5月。果扁圆形，果径1.5～2厘米，果期8—9月。

生态　喜光，较耐旱，较耐寒，喜生肥沃、排水良好的沙壤土。

分布　产我国华北及陕西、甘肃、云南等省，辽宁南部有栽培。

栽培　扦插或嫁接繁殖。

用途　庭园观赏树。

46. B₉ 海棠　● 蔷薇科　苹果属
***Malus prunifolia* 'Bijiu'**

形态　小乔木，树姿开张。花粉红色，花期 5 月。果卵圆形，幼果期为紫红色，进入 7 月果实变为亮红色。

生态　喜光，耐寒，耐旱，适应性强。

分布　产俄罗斯，我国辽宁等地有栽培。

栽培　嫁接繁殖。

用途　庭园观赏树。

47. 红铃铛果 ● 蔷薇科 苹果属
Malus prunifolia 'Dolgo'

形态 小乔木，树冠高大，树姿开张。花粉色，花期5月。果近圆形，果面底色黄绿，有暗红色条纹，果8月中旬成熟。

生态 喜光，耐寒，耐干旱、瘠薄。

分布 辽宁省果树研究所选育而成的品种，适合辽宁地区栽培，吉林、黑龙江等省也有栽培。

栽培 嫁接繁殖。

用途 庭园观赏树。

48. 光辉海棠（绚丽海棠） ● 蔷薇科 苹果属
Malus prunifolia 'Radiant'

形态 小乔木。幼叶及新生叶片顶部紫红色。花红色，花瓣大，花期5月。果近球形，亮红色，果柄长。

生态 喜光，耐旱，耐寒，耐瘠薄土壤，抗病虫害，抗逆性强。

分布 产美洲。我国华北及辽宁等地有栽培。

栽培 嫁接繁殖。

用途 庭园观赏树。

49. 七月鲜海棠 （K₉海棠） ● 蔷薇科　苹果属
Malus prunifolia 'Qiyuexian'

形态　小乔木，树冠中大，树姿半开张。果卵圆形，单果重 50 克，果橙黄色，有鲜红色条纹，8 月成熟。

生态　喜光，耐寒，耐旱，抗性强。

分布　辽宁省果树研究所选育而成的品种，辽宁、吉林等地有栽培。

栽培　嫁接繁殖。

用途　庭园观赏或盆栽树。

50.乙女海棠　● 蔷薇科　苹果属
Malus prunifolia 'Yinü'

　　形态　小乔木，树冠阔圆锥形，树姿直立。叶长椭圆形。每花序4～6朵花，花粉白色，花期5月。果圆球形，成熟时鲜红色，9月末成熟。

　　生态　喜光，耐寒，较耐旱。

　　分布　产日本，我国华北及辽宁等地有栽培。

　　栽培　嫁接繁殖。本种为富士苹果和红玉苹果的天然杂交种。

　　用途　庭园观赏或盆栽树。果可鲜食。

103

51. 红富士苹果 ● 蔷薇科 苹果属
Malus pumila 'Fuji'

形态 小乔木，树冠大，树姿开张。花浅粉色，花期5月。果多为扁圆形，果面底色黄绿，阴面有暗红条纹，单果重250克，10月中下旬成熟。果极耐贮存。

生态 喜光，较耐寒，耐旱。

分布 产日本。我国山东及辽宁沈阳以南地区常栽培。

栽培 嫁接繁殖。

用途 苹果优良品种，也可作庭园观赏树。

52. 寒富苹果 ● 蔷薇科 苹果属

Malus pumila 'Hanfu.'

形态 小乔木，树冠紧凑。枝条节尖短，短枝性状明显。花浅粉色，花期5月。果短圆锥形，呈鲜红色，肉质酥脆，汁多味浓，有香气。

生态 喜光，耐寒，耐干旱。

分布 沈阳农业大学选育而成，辽宁等地有栽培。

栽培 嫁接繁殖。

用途 苹果优良品种，也可作庭园观赏树。

53. 风箱果 ● 蔷薇科 风箱果属

Physocarpus amurensis (Maxim.) Maxim.

形态 灌木，高 3 米。小枝无毛，幼枝紫红色，皮纵向剥落。叶三角状卵形至广卵形，长 3.5～5.5 厘米，通常 3～5 浅裂，边缘有重锯齿。花白色，伞形总状花序，多花，花期5—6 月。果膨大呈卵状，果期 8—10月。

生态 喜光，耐寒，喜生于湿润、排水良好土壤。

分布 产我国黑龙江、河北、山东等省，大连、沈阳、长春等地有栽培，俄罗斯、朝鲜有分布。

栽培 播种或扦插繁育。

用途 既观花又观果，宜植于坡地、林缘、路边、宅旁，孤植、丛植均可。

54. 金叶风箱果 ● 蔷薇科 风箱果属
Physocarpus opulifolius 'Darts Gold'

形态 灌木。单叶互生，叶三角状卵形至广卵形，3~5浅裂，具重锯齿，叶片金黄色。顶生伞形花序，花白色，5月开花。果在夏末时呈红色。

生态 喜光，稍耐阴，较耐寒，喜酸性、肥沃及排水良好土壤。

分布 我国华北、华中、华东及北京、大连、沈阳等地有栽培。

栽培 扦插繁殖。

用途 庭园观赏彩叶灌木。

55. 杏 ● 蔷薇科 李属

Prunus armeniaca L.

形态 小乔木，高 10 米。树皮暗褐色。叶近圆形或广卵形，长 5～8 厘米，基部圆形或近心形，边缘具钝锯齿。花白色或淡粉红色，单生，花期 4 月。核果近圆形，浅黄色或橙黄色，常带红晕，被短毛，果期 7 月。

生态 喜光，耐旱，耐寒，适应性强，喜土层深厚、排水良好的土壤。

分布 产我国东北、华北、西北、西南及长江中下游各省。

栽培 嫁接繁殖。

用途 庭园观赏树。

56. 山杏 ● 蔷薇科 李属

Prunus armeniaca var. *ansu* Maxim.

与原种主要区别为叶较小，果较小，径约2厘米，密被绒毛，果肉薄，不开裂，果核网纹明显。产华北、内蒙古及西北地区。耐寒性强，耐干旱、瘠薄，荒山造林树种及绿化观赏树。

57. 凯特杏 ● 蔷薇科 李属

Prunus armeniaca 'Kaite'

形态 乔木。大果型，果近圆形，缝合线浅，果顶较平圆。果阳面有红晕，果面橙黄色有光泽，肉质细，味酸甜，有香气，果熟6月中旬。

生态 喜光，耐寒，耐盐碱，适应性强。

分布 美国品种，辽宁熊岳等地有栽培。

栽培 嫁接繁殖。

用途 栽培果树。

58. 串枝红杏 ● 蔷薇科 李属

Prunus armeniaca 'Chuanzhihong'

形态 小乔木，树姿开张，树势强健。花粉红色，花期5月。果卵圆形，平均单果重52克，果橙黄色，阳面紫红色，7月初果成熟。

生态 喜光，较耐寒，耐旱，耐瘠薄。

分布 产我国河北省，辽宁南部有栽培。

栽培 嫁接繁育。

用途 庭园观赏树。

59. 沙金红杏 ● 蔷薇科 李属
Prunus armeniaca 'Sajinhong'

形态 乔木，树姿半开张。果侧扁圆形，果面金黄色，阳面粉红色，有红色斑点，6月下旬果成熟。

生态 喜光，较耐寒，耐干旱。

分布 产山西省，辽宁南部有栽培。

栽培 嫁接繁殖。

应用 观赏果树。

60. 孤山杏梅（大杏梅）● 蔷薇科 李属
Prunus armeniaca 'Gushanxingmei'

形态 小乔木，树体高大，树姿开展。花粉红色，花期5月。果侧扁圆形，果顶平微凹，平均单果重60克，果金黄色，阳面粉红，有红色斑点，果肉致密，味甜稍酸，有香气。

生态 喜光，耐寒，耐旱，抗病性强。

分布 由辽宁丹东东港地区选育出，鞍山市以南有栽培。

栽培 嫁接繁殖。

用途 观赏果树。

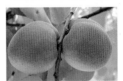

61. 东北杏　● 蔷薇科　李属
Prunus mandshurica（Maxim.）Koehne

形态　乔木，高达 15 米。树皮木栓较发达，暗灰色，深裂。叶片宽椭圆形至卵圆形，长 5～10 厘米，边缘具锐重锯齿。花呈粉红色，单生，花径 2.5 厘米，花期 4 月下旬。果近球形，果期 7 月。

生态　喜光，耐寒，耐干旱、瘠薄，怕涝，喜排水良好的沙壤土。

分布　我国辽宁、吉林、黑龙江、内蒙古等省区，朝鲜、俄罗斯有分布。

栽培　播种繁殖。

应用　庭园观赏树。

62. 毛樱桃 ● 蔷薇科 李属

Prunus tomentosa Thunb.

形态 灌木，高3米。小枝及叶两面均密被绒毛。叶倒卵形、椭圆形或卵形，长3~5厘米，边缘有锯齿。花白色或淡粉色，单生或2朵并生，花期4—5月。果球形，成熟时红色，果期6月。

生态 喜光，稍耐阴，耐寒，耐旱，适应性强。

分布 我国东北、华北、西北、西南地区。朝鲜、日本也有分布。

栽培 播种繁殖。

用途 可孤植或丛植于房前、屋后、林缘、坡地、路旁、山石边、亭廊周围。

63. 垂枝毛樱桃　● 蔷薇科　李属

Prunus tomentosa ‘Pendula’

枝条下垂，其他同原种。我国辽宁南部等地有栽培。

64. 白果毛樱桃　● 蔷薇科　李属

Prunus tomentosa ‘Leucocarpa’

果较大而白色，其他同毛樱桃。辽宁熊岳等地有栽培。

65. 郁李　● 蔷薇科　李属

Prunus japonica Thunb.

形态　灌木，高约 1.5 米。小枝纤细。叶卵形至卵状披针形，长 3～5 厘米。花淡粉色至白色，2～3 朵并生，花径约 1.5 厘米，与叶同时开放，花期 4—5 月。果成熟暗红色，果期 7—8 月。

生态　喜光，耐寒，较耐干旱，抗烟尘。

分布　产我国东北、华北、华中、华南等地，朝鲜、日本有分布。

栽培　播种或扦插繁殖。

用途　花繁果艳，宜群植作花境或配置在阶前屋旁、路边、假山、坡地等处。

66. 长梗郁李 ● 蔷薇科 李属

Prunus japonica var. ***nakaii*** Rehd.

与原种主要区别为叶卵圆形，锯齿较深，叶柄长0.3～0.5厘米。花梗长1～2厘米，花梗有毛，花瓣粉红色。花期5月。果期6—7月。

67. 美人梅 ● 蔷薇科 李属

Prunus x blireana 'Meirenme'

是紫叶李与'宫粉'梅的人工杂交种。在法国育成，我国从美国引入。现北京、太原、兰州、沈阳等地有栽培。枝叶似紫叶李。花似梅，淡紫红色，半重瓣或重瓣，花叶同放。喜光，较耐寒，适应性强。

68.欧李 ● 蔷薇科 李属

Prunus humilis Bge.

形态 小灌木，高约1米。小枝纤细。叶倒卵状披针形或倒卵状狭椭圆形，长2.5~5厘米，边缘具细锯齿。花单生或2朵并生，与叶同时开放，花期4—5月。核果近球形，熟时红色，果期8月。

生态 喜光，耐寒，耐干旱、瘠薄，多生于干燥山坡、林缘、路边。

分布 产我国东北及山东、河南、内蒙古等省区。

栽培 播种、扦插或分株繁殖。

用途 可作地被植物，宜植于干燥山坡，或丛植、片植于草坪边缘。

69. 麦李 ● 蔷薇科 李属

Prunus glandulosa Thunb.

形态 灌木，高 1.5 米，小枝纤细。叶长圆状椭圆形或椭圆状披针形，长 5～8 厘米，边缘具细锯齿。花 2 朵簇生，粉红色或近白色，花期 5 月。核果球形，深红色，果期 7 月。

生态 喜光，耐寒，喜生于沙壤土中。

分布 产我国山东、河北、河南、陕西、湖北、四川等省，北京、沈阳、大连等地有栽培，日本有分布。

栽培 播种或扦插繁殖。

用途 观花、观果树种，宜群植作花境或配置在屋前、路边、坡地、假山、亭廊两侧以及草坪边缘。

70. 紫叶矮樱 ● 蔷薇科　李属
Prunus x cistena

形态　株形类似紫叶李，但较矮，多为灌木状。单叶互生，小叶有齿，叶紫红色，有光泽。花粉色，5瓣，淡香。花期4月下旬。果期6—7月。

生态　喜光，稍耐阴，喜温暖、湿润气候，较耐寒，耐干旱、瘠薄土壤，但不耐涝。

分布　法国培育的杂交种，我国北京、大连、沈阳等地有栽培。

栽培　以嫁接为主，也可用扦插或压条繁殖，萌芽力强，耐修剪。

用途　观叶植物，全年叶呈紫红

色，可修剪成球形，适宜丛植于草坪，也可作为彩色篱。

119

71. 稠李 ● 蔷薇科 李属

Prunus padus L.

形态 乔木，高 13～15 米。叶卵状长椭圆形至倒卵形，长 5～12 厘米，缘有细锐锯齿，叶柄具腺体。花白色，下垂的总状花序，花期 5—6 月。果黑色，径 0.6～0.8 厘米，果熟 8—9 月，亮黑色。

生态 喜光，稍耐阴，耐寒，喜肥沃、湿润、排水良好的土壤，不耐干旱、瘠薄。

分布 产我国东北、华北、西北及内蒙古地区。

栽培 播种繁殖。

用途 观赏树种。

72. 山桃稠李 ● 蔷薇科 李属
Prunus maackii Rupr.

形态 乔木，高 10～16 米。树
皮亮黄色至红褐色，小枝幼时密被柔
毛。叶椭圆形至矩圆状卵形，长 5～
10 厘米，锯齿细尖。花白色，有香
气，总状花序长 5～7 厘米，花期 5
月。果亮黑色，8 月果熟。

生态 喜光，稍耐阴，耐寒，喜
湿润土壤，常生于林内、林缘或河岸
等处。

分布 产我国东北、华北、西北
地区。俄罗斯、朝鲜有分布。

栽培 播种繁殖。

用途 庭园观赏树。

121

73. 蟠桃 ● 蔷薇科 李属

Prunus persica var. ***compressa*** Bean.

形态 小乔木。花粉红色，花期
4 月。果形独特，个大，鲜艳，最大
果重达 300~400 克，肉质细腻，甘
甜可口，味道鲜美。蟠桃结果早，果
熟期 7—8 月，产量高。一般栽培 2
年见果，3 年受益，稳产性强。

生态 喜光，较耐寒，较耐干旱。

分布 我国辽宁营口以南有栽
培，河北、山东等地也有栽培。

栽培 嫁接繁殖。

用途 果实营养丰富，被人们誉
为长寿果品，盆栽可美化环境，既可
观赏，又可食用。

74. 油桃 ● 蔷薇科 李属

Prunus persica var. ***nectarina*** Maxim.

果皮光滑无毛，其他同原种。

75. 紫叶桃 ● 蔷薇科 李属

Prunus persica '**Atropurpurea**'

叶片春、夏、秋均为紫红色，观赏效果很好。花单瓣，粉红色。其他同原种。

76. 红垂枝桃 ● 蔷薇科 李属
Prunus persica 'Akashidare'

与原种主要区别为小枝下垂，红褐色。花红色，单瓣。叶椭圆披针形。北京及辽南有栽培。

77. 洒红桃 ● 蔷薇科 李属
Prunus persica 'Sahongtao'

与原种主要区别为花重瓣，铃形，花为红粉白色，其白色花瓣上嵌洒红条纹。我国辽宁南部及华北等地有栽培。

78. 酸樱桃 ● 蔷薇科 李属

Prunus cerasus L.

形态 小乔木，高达 10 米。树
冠圆球形，常具开张和下垂枝条，有
时自根蘖生枝条而成灌木状。树皮暗
褐色，有横生皮孔，呈片状剥落。叶
椭圆状倒卵形，长 5~8 厘米，叶边
有细密重锯齿，基部楔形，常有 2~
4 腺体。花径约 2.5 厘米，花与叶同
时开放，花期 4—5 月。果扁球形，
顶端有隙，味酸，果期 6—7 月。

生态 喜光，较耐寒，喜湿润气
候，喜肥沃、排水良好的土壤。

分布 产欧洲东南部和亚洲西南
部，我国东北南部、山东、河北、江

苏等地有栽培。

栽培 播种繁殖。

分布 庭园观赏树及果树。

79. 甜樱桃　● 蔷薇科　李属
Prunus avium L.

形态　乔木。枝、芽无毛。叶缘锯齿钝，叶面有疏柔毛。花白色，伞形花序，4月，花与叶同放。果较大，径1~2.5厘米，红色，6月果熟。

生态　喜光，稍耐寒，较耐干旱，喜温暖、湿润气候，喜排水良好的沙壤土。

分布　产欧洲及西亚，我国华北及辽宁南部等地有栽培。

栽培　嫁接繁殖。

用途　庭园观赏树及果树。

80. 拉宾斯樱桃　● 蔷薇科　李属
Prunus avium '**Labins**'

　　小乔木。果皮紫红色，光泽亮丽，自花结实率高，丰产。原产加拿大。我国大连等地有栽培。

81. 美早樱桃　● 蔷薇科　李属
Prunus avium '**Meizao**'

　　小乔木。果宽心脏形，果皮紫红色，光彩照人，果肉硬脆，抗裂果。引自美国。大连地区有栽培。

82. 那翁樱桃 （黄樱桃） ● 蔷薇科 李属
Prunus avium 'Napoleon'

形态 小乔木，树势强健。果实心形或长心脏形，单果重 6 克以上，果皮黄色，阳面有红晕，果肉淡黄白色。

生态 喜光，较耐寒。喜肥沃沙壤土。

分布 产欧洲，适宜我国辽南及华北地区栽培，本种为欧洲较早栽培品种。

栽培 嫁接繁殖。

用途 观赏果树。

83. 萨米脱樱桃 ● 蔷薇科 李属
Prunus avium 'Summit'

萨米脱樱桃又名"皇帝"，果实特大，单果重 10 克左右，果长心脏形，果皮紫红色，成熟期比那翁樱桃晚 2 3 天。该品种为晚熟品种。

84. 西梅　● 蔷薇科　李属

Prunus domestica 'Ximei'

果实紫红色，卵圆形，8月中旬成熟。为欧洲李之品种，辽南等地有栽培。

85. 琥珀李　● 蔷薇科　李属

Prunus domestica 'Hupo'

形态　小乔木，树势强健，枝条直立。叶片倒卵形，深绿色，有光泽。花白色，花期5月。果大，扁圆形，平均单果重97克，果皮紫黑色，果8月上旬成熟。

生态　喜光，耐寒，耐干旱。

分布　产美国，我国河北、辽宁等地有栽培。

栽培　嫁接繁殖。

用途　庭园观赏树。

86. 欧洲李(理查德李) ● 蔷薇科 李属
***Prunus domestica* 'Lichade'**

形态 小乔木，树冠倒圆锥形，树姿直立。花白色，花期5月。果实长圆形，单果重41克。幼果果皮为绿色，后逐渐变为宝石蓝色，果熟期7月。

生态 喜光，较耐寒，耐干旱。

分布 产美国，我国河北、辽宁南部地区有栽培。

栽培 嫁接繁殖。

用途 优良果树及庭园观赏树。

87. 秋红李　● 蔷薇科　李属

Prunus spp.

　　小乔木，树形为倒圆锥形，树姿直立。花为乳白色。果扁圆形，果面光滑亮丽，为鲜红色，9月上旬成熟。适宜辽宁地区栽培。

88. 太阳李　● 蔷薇科　李属

Prunus spp.

　　小乔木。果实圆形，果顶尖，缝合线浅，不明显，果紫红色。辽宁南部有栽培。

131

89. 紫叶李　● 蔷薇科　李属
Prunus cerasifera 'Atropurpurea'

形态　小乔木，高达8米。叶紫色，椭圆形或卵形，长5厘米以上，叶缘有锯齿。花单生或2～3朵簇生，浅粉红色，花期6月。果成熟紫色，果期7—8月。

生态　喜光，稍耐阴，稍耐寒，喜温暖、湿润气候，喜肥沃、排水良好土壤。

分布　产亚洲西南部，我国华北及辽宁南部等地有栽培。

栽培　扦插或嫁接繁殖。

用途　庭园观赏树。

90. 李 ● 蔷薇科 李属

Prunus salicina Lindl.

形态 乔木，高达 10 米。小枝红褐色。叶倒卵形或椭圆状倒卵形，长 5~10 厘米，边缘具重锯齿。花白色，2~3 朵簇生，花期 4 月。果卵球形，绿色、黄色或紫红色，果期 7—8 月。

生态 喜光，耐半阴，耐寒，不耐干旱、瘠薄，喜肥沃、湿润土壤。

分布 我国东北、华北、华中、华东地区。

栽培 嫁接繁殖。

用途 初春白花如雪，入夏果实累累，颇具观赏价值，可在庭园前、路边孤植或丛植。

133

91. 晚红李 ● 蔷薇科 李属

Prunus salicina 'Wanhongli'

晚红李又名紫李，是北京地区栽培的优良品种。果实大，外观美，树势强壮，树冠大，半开张，以花束状果枝结果。

92. 晚黄李 ● 蔷薇科 李属

Prunus salicina 'Wanhuangli'

当年生枝阳面紫红色，背面绿色。叶片较大。果实近圆形，果肉厚。吉林地区品种，辽南有栽培。

93. 岳寒红叶李 ● 蔷薇科 李属
Prunus salicina 'Atropurpurea'

形态 小乔木，树冠圆形，树姿开张。枝条密集，枝红褐色，新梢及幼叶鲜红色。成熟叶正面红色，背面紫红色。花浅粉色，花期4月末。成熟果紫红色，果肉红色，果熟期8月末。

生态 喜光，较耐寒，耐旱，抗逆性强。

分布 本种为辽宁省果树研究所通过杂交选育出的新品种色叶树种。大连、沈阳以南等地有栽培。

栽培 嫁接繁殖。

用途 绿化色叶树种。

94. 紫叶稠李 ● 蔷薇科 李属
Prunus virginiana 'Canada Red'

形态 小乔木，高达7米。小枝褐色。叶卵状长椭圆形至倒卵形，长5~14厘米。叶为紫色或绿紫色，叶背发灰。花白色，成下垂的总状花序。果红色，后变紫黑色。

生态 喜光，稍耐阴，耐寒，耐旱，喜肥沃、湿润、排水良好土壤。

分布 引自北美，现华北及东北等地有栽培。

栽培 扦插或嫁接繁殖。

用途 北方少有的色叶乔木，庭园观赏树。

95. 红肖梨 ● 蔷薇科 梨属

Pyrus spp.

小乔木。果圆柱形，黄绿色，阳面具红晕。对土壤要求不严，较耐寒，耐旱。地方品种，辽宁等地有栽培。

96. 黄金梨 ● 蔷薇科 梨属

Pyrus spp.

小乔木。果近圆形，品质好，果个中等。喜光，稍耐寒。引自韩国，适合我国渤海湾地区栽培。

97. 尖巴梨 ● 蔷薇科 梨属

Pyrus ussuriensis 'Jianbali'

小乔木，树势健壮，直立性强。嫁接时第 3 年开始见果，果倒卵圆形。是北方寒地栽培多年的品种，是秋子梨中品质优良的品种，耐寒（耐 −40℃ 低温），产辽宁。

98. 金香水梨 ● 蔷薇科 梨属

Pyrus spp.

小乔木。树势强，萌芽力强。果扁圆形，底色黄，阳面有红晕，果味酸甜适口，9 月下旬果熟。较耐寒。辽南地区有栽培。

99. 库尔勒香梨 ● 蔷薇科 梨属

***Pyrus sinkiangensis* 'Kuerle'**

形态 小乔木。花白色，花期5月。果倒卵形或纺锤形，平均果重150克，成熟时果白黄绿色，阳面有红晕，储藏后变鲜黄，果香气浓郁，皮薄肉细，酥脆爽口，汁多渣少，色泽鲜艳。

分布 产我国新疆库尔勒市郊孔雀河畔，山东、辽宁等地有栽培。

栽培 嫁接繁殖。

用途 优良梨品种，也可作庭园观赏树。

100. 红巴梨 ● 蔷薇科 梨属

***Pyrus* ssp.**

红巴梨是巴梨的红色芽变（美国品种）。果较大，粗颈葫芦形，果梗粗短，果皮红褐色。辽宁南部有栽培。

101. 南果梨 ● 蔷薇科 梨属

***Pyrus ussuriensis* 'Nangulli'**

形态 小乔木，树势较开张。叶卵形或长圆状卵形。花白色，花期5月。果扁圆形到近球形，平均单果重60克。果色泽鲜艳。

生态 喜光，较耐寒，耐干旱。

分布 产我国辽宁海城地区，鞍山、沈阳等地有栽培。

栽培 嫁接繁殖。

用途 优良梨品种，果肉细腻，爽口多汁，风味香浓，品质极好。也可作庭园观赏树。

102. 八月红梨 ● 蔷薇科 梨属

Pyrus ssp.

树冠阔圆锥形，主干暗褐色，光滑。叶片长椭圆形，叶缘钝锯齿。花小，白色。果较大，最大果重400余克，果面平滑，色泽光艳，味甜，香气浓。本品种由陕西培育成，为旱巴梨和早酥梨杂交种。华北及辽南等地有栽培。

103. 红香酥梨 ● 蔷薇科 梨属

Pyrus ssp.

小乔木，树冠圆头形。果纺锤形或长卵圆形，果面光滑，果点较密，果绿黄色，向阳面红色。本品种由我国郑州果树所育成。华北及辽南等地有栽培。

104. 杜梨 (棠梨) ● 蔷薇科 梨属
Pyrus betulaefolia Bge.

形态 乔木，高达 10 米。小枝有时棘刺状，幼枝密被灰白色绒毛。叶菱状长卵形，长 4~8 厘米，缘有粗尖齿。花白色，花期 4—5 月。果小，径 0.5~1 厘米，熟时褐色。

生态 喜光，耐寒，耐旱，耐盐碱，也耐涝。

分布 产东北南部、内蒙古、黄河流域至长江流域各地。

栽培 播种繁殖。

用途 庭园观赏树，花繁色白，在林缘、坡地、宅旁宜孤植或丛植，在公园也可片植。

105. 长白蔷薇 ● 蔷薇科 蔷薇属

Rosa koreana Kom.

形态 灌木，高约 1 米。分枝水平开展，枝紫褐色，密生针刺。奇数羽状复叶，小叶 7～13 片，椭圆形或倒卵状椭圆形，长 0.5～2 厘米。花白色或粉红色，径 2.5～3 厘米，花期 5—6 月。果期 9—10 月。

生态 喜光，稍耐阴，耐寒，喜生于阴湿、排水良好的针叶林或针阔叶混交林下，亚高山岳华林带林缘。

分布 我国黑龙江省及吉林长白山地区。朝鲜也有分布。

栽培 播种繁殖。

用途 庭园观赏树。

106. 多花蔷薇 ● 蔷薇科 蔷薇属
Rosa multiflora Thunb.

形态 灌木，高 1～2 米。枝细长，上升或蔓生，有皮刺。羽状复叶，小叶 5～9 片，倒卵状圆形至矩圆形，长 1.5～3 米。圆锥状伞房花序，花多数，白色，芳香，花期 5—6 月。蔷薇果球形至卵形，褐红色，果期 8—9 月。

生态 喜光，耐寒，较耐旱，又耐水湿，对土壤要求不严，能在黏重土上生长。

分布 产我国华北、华中、华南、西南等地区，北京、大连、沈阳有栽培。朝鲜、日本有分布。

栽培 播种或扦插繁殖，栽培品种较多。

用途 花艳丽，多用于绿篱及庭园绿化。

107. 俄罗斯大果蔷薇 ● 蔷薇科 蔷薇属
Rosa albertii Reg.

形态 灌木，高 1～3 米。小枝无刺或基部有直刺，冬季枝条红色。奇数羽状复叶，叶椭圆形。花粉红色，花期 6 月。果椭圆形，全年红色，果熟 8—9 月，果宿存经冬不落。

生态 喜光，稍耐阴，耐寒，耐盐碱。

分布 产俄罗斯，我国北京、辽宁、吉林等地有栽培。

栽培 播种或扦插繁殖。

用途 庭园观赏灌木。

108. 黑树莓 ● 蔷薇科 悬钩子属
Rubus alleghaniensis Porter

形态 蔓性灌木。羽状复叶互生，小叶3片（罕单生），卵形至卵状椭圆形，缘有单锯齿。花白色，聚合果近球形，不与花托分离，果期5—7月。

生态 喜光，喜温暖气候，耐寒性差。

分布 产北美，我国辽南及华北等地有栽培。冬季需下架防寒保护越冬。

栽培 播种或扦插繁殖。

用途 庭园观赏及果树。

109. 红树莓 ● 蔷薇科 悬钩子属
Rubus idaeus L.

形态 蔓性灌木。羽状复叶互生，小叶 3 片（罕单生），卵形至卵状椭圆形，缘有单锯齿。花白色。聚合果成熟红色，与花托分离，夏、秋季果熟。

生态 喜光，耐寒性较差。

分布 华北及辽宁等地有栽培。主要品种有：美 22、澳洲红、早红等。冬季需防寒保护越冬。

栽培 播种或扦插繁殖。

用途 观赏果树。

110. 美22树莓 ● 蔷薇科 悬钩子属
Rubus idaeus 'Me22'

灌木，植株健壮，直立性强，生长旺盛，抗病性强。平均果重4克，结实多，果期长，果紫红色，果味微酸，宜作果汁原料。观赏果树。我国河北、辽宁、吉林等地有栽培。冬季需防寒保护越冬。

111. 库页悬钩子 ● 蔷薇科 悬钩子属
Rubus matsumuranus Levl. et Vant.

形态 灌木，枝上有刺、腺毛或短柔毛。小叶3片，卵形至椭圆状卵形，叶缘具不规则粗锯齿，叶背密被绒毛。花白色，伞房花序，花期6月。果近球形，红色，密被绒毛，果期8月。

生态 喜光，又耐荫蔽，耐寒，耐干旱，耐瘠薄。

分布 产我国东北及内蒙古等地区。朝鲜、日本、俄罗斯有分布。

栽培 播种、扦插或分株繁殖。

用途 观赏灌木。

112. 花楸 ● 蔷薇科 花楸属

Sorbus pohuashanensis (Hance) Hedl.

形态 乔木，高达 10 米。小枝粗壮，幼时有绒毛。复叶，小叶 11～15 片，卵状或椭圆状披针形，长 3～5 厘米，边缘具细锯齿，中部以下全缘。花白色，多花密集成复伞房花序，花期 6 月。果近球形，红色或橘红色，果期 8—9 月。

生态 喜光，耐阴，耐寒，喜湿润、肥沃土壤。

分布 我国东北、华北及内蒙古等地区。朝鲜也有分布。

栽培 播种繁殖。

用途 庭园观赏树或行道树。

113. 欧洲花楸　● 蔷薇科　花楸属

Sorbus aucuparia L.

形态　乔木，高 10～15 米，奇数羽状复叶，小叶 9～15 片，小叶带细锯齿，秋叶变金黄色。复伞房花序，花多数，白色，花期 5—6 月。果红色，果期 9—10 月。

生态　喜光，耐半阴，较耐寒，喜湿润环境，喜微酸性土壤。

分布　产欧洲，我国河北、辽宁等地有栽培。

栽培　播种繁殖。

用途　庭园观赏树，也可作行道树。

114. 西伯利亚花楸 ● 蔷薇科 花楸属

Sorbua sibirica Hedl.

形态 乔木，高 15～20 米，有时呈灌木状。树皮灰色，枝条密被绒毛。奇数羽状复叶，小叶 4～7 对，叶柄密被柔毛，下部小叶全缘，上部小叶锯齿缘。复伞房花序，花白色，花期 5—6 月。果橙黄色或红色，果期 8—9 月。

生态 喜光，稍耐阴，耐寒，耐干旱，常生长在林缘、林下。

分布 产俄罗斯，我国河北、辽宁等地有栽培。

栽培 播种繁殖。

用途 优良的观花观果树种。

115. 腊梅 ● 蜡梅科 蜡梅属

Chimonanthus praecox (L.) Link

形态 灌木，高 3~4 米。单叶对生，卵状椭圆形至卵状披针形，长 7~15 厘米，全缘，半革质而较粗糙。花单朵腋生，花被片蜡质黄色，内部有紫色条纹，具浓香，远于叶前开放。瘦果种子状。

生态 喜光，稍耐寒，耐干旱，忌水湿，喜肥沃、排水良好的土壤。

分布 产我国中部，黄河流域至长江流域各地广栽培，北京、大连等地有栽培。

栽培 播种繁殖。

用途 观赏树种，可孤植、丛植。

116. 鱼鳔槐 ● 豆科 鱼鳔槐属

Colutea arborescens L.

形态 灌木，高 3～4 米。小叶幼时有柔毛，羽状复叶互生，小叶 9～13 片，椭圆形，长 1.5～3 厘米，两面有柔毛。花鲜黄色，3～8 朵成腋生总状花序，花期 5—6 月。荚果壁薄，膨胀呈囊状，淡红色。果期 10 月。

生态 喜光，稍耐寒。

分布 产南欧及北非。我国北京、南京、青岛等地有栽培。

栽培 播种繁殖。

用途 庭园观赏树。

153

117. 金链花 ● 豆科 金链花属
Laburnum anagyroides Medic.

形态 灌木或小乔木，高6~9米。小枝绿色。三出复叶互生，小叶卵状椭圆形至椭圆状倒卵形，全缘。花金黄色，成顶生细长下垂之总状花序，花期4—5月。荚果有毛。

生态 喜光，稍耐寒，喜深厚、湿润、排水良好的土壤。

分布 产欧洲中南部。我国陕西、上海等地有栽培。

栽培 播种繁殖。

用途 庭园观赏树。

118. 紫荆 ● 豆科 紫荆属
Cercis chinerisis Bunge

形态 灌木或小乔木，高 2～4
米。单叶互生，心形，长 5～13 厘
米，全缘，光滑无毛。花紫红色，
5～8 朵簇生于老枝及茎干上，4 月叶
前开花。荚果腹缝具窄翅，9—10 月
成熟。

生态 喜光，耐干旱、瘠薄，忌
水湿，稍耐寒，喜湿润、肥沃土壤。

分布 产黄河流域及其以南各
地。华北及辽宁南部有栽培。

栽培 播种繁殖。

用途 春日繁花簇生枝间，庭园
观赏树。

155

119. 国槐 ● 豆科 槐树属

Sophora japonica L.

形态 乔木，高达 25 米，树冠球形或阔卵形。奇数羽状复叶，小叶 7～15 片，卵圆形。圆锥花序顶生，花冠蝶形，黄白色，花期 8—9 月。荚果念珠状，果期 10 月。

生态 喜光，稍耐阴，较耐寒，喜湿润、肥沃、深厚的沙壤土，在轻度盐碱地也能生长。

分布 产我国北部，辽宁以南至华南、西南都有栽培。日本、朝鲜有分布。

栽培 播种或扦插繁殖。

用途 良好的行道树、庭园树。

120. 合欢 ● 豆科 合欢属

Albizia julibrissin Durazz.

形态 乔木，高达 10 米。树冠扩展，树皮灰黑色。小枝具细棱。2回偶数羽状复叶互生，小叶 10～30 对，常昼张夜合。头状花序呈伞房状排列，腋生，花粉红色，花期 6—7 月。荚果扁平，果期 9—10 月。

生态 喜光，稍耐寒，喜温暖气候，喜沙壤土，较耐干旱。

分布 产我国黄河流域至珠江流域广大地区，辽宁南部及华北等地有栽培，日本、印度及东非有分布。

栽培 播种繁殖。

用途 庭园观赏或行道树。

121. 山皂角 ● 豆科 皂荚属
Gleditsia japonica Miq.

形态 乔木，高达 12 米，胸径 60 厘米。枝上有较粗壮略扁且分支的刺。偶数羽状复叶互生，小叶 6～8 对，长椭圆形，长 1.5～4 厘米。雌雄异株，穗状花序，花瓣黄绿色，花期 6—7 月。荚果扁平，扭曲，果期 9—10 月。

生态 喜光，喜土层深厚，耐干旱，耐寒，耐轻碱，适应性强。

分布 产我国东北南部、华北、华东，哈尔滨、长春、沈阳、大连等地有栽培，朝鲜、日本有分布。

栽培 播种繁殖。

用途 冠大荫浓，可做行道树、防护林及树篱、树障。

122. 美国皂荚 ● 豆科　皂荚属
Gleditsia tricanthos L.

形态　乔木，高 30~45 米，枝干有单刺或分枝刺。1~2 回羽状复叶，常簇生，小叶 5~16 对，长椭圆状披针形，长 2~3.5 厘米。荚果镰形或扭曲，长 30~45 厘米。

生态　喜光，较耐寒，耐干旱，喜肥沃、深厚土壤。

分布　产美国，我国上海、南京、新疆及沈阳等地有栽培。

栽培　播种繁殖。

用途　庭园观赏树。

123. 皂角 ● 豆科 皂荚属
Gleditsia sinensis Lam.

形态 乔木，高达 30 米。树干或大枝具分枝圆刺，长 3～10 厘米。叶为 1 回羽状复叶，小叶 3～7 对，卵状椭圆形，长 2～10 厘米，边缘具细锯齿。花期 4—5 月，荚果直而略扁，较肥厚，长 12～30 厘米，果期 6—12 月。

生态 喜光，稍耐寒，喜深厚、湿润、肥沃土壤，抗污染，适应性强。

分布 产我国黄河流域及以南各地，北京、大连等地有栽培。

栽培 播种繁殖。

用途 庭园观赏树。

124. 巨紫荆（湖北紫荆） ● 豆科　紫荆属

Cercis glabra Pamp.

形态　乔木，高 16～20 米。叶心形或卵圆形，长 6～13 厘米，基部心形，表面光滑。花假蝶形，淡紫红色，短总状花序，3—4 月叶前开花。荚果紫红色。

生态　喜光，耐干旱，不耐寒，萌芽力强，耐修剪。

分布　杭州、南京等地有栽培。

栽培　播种繁殖。

用途　庭园观赏树。

125. 黄檀 ● 豆科 黄檀属
Dalbergia hupeana Hance

形态 乔木，高达 20 米。树皮长薄片剥落。羽状复叶互生，小叶 7~13 片，椭圆形，长 3~5.5 厘米，近革质。花黄白色或淡紫色，顶生圆锥花絮，5—6 月开花。荚果带形。

生态 喜光，耐干旱、瘠薄，不耐寒。

分布 产长江流域及其以南地区。

栽培 播种繁殖。

用途 观赏树种。

126. 臭檀 ● 芸香科 吴茱萸属

Evodia daniellii (Benn.) Hemsl.

形态 乔木，高达 15 米。奇数羽状复叶，小叶 7~11 片，卵状椭圆形，长 5~13 厘米。聚伞状圆锥花序顶生，花白色，花期 6—7 月。果紫红色或红褐色，果皮布有透明腺点，果期 9—10 月。

生态 喜光，较耐寒，耐盐碱，抗海风，喜生于山坡或山崖上。

分布 产我国辽宁南部、华北及长江流域，朝鲜、日本有分布。

栽培 播种繁殖。

用途 庭园、公园及防护林绿化树种。

163

127. 黄檗 ● 芸香科 黄檗属
Phellodendron amurense Rupr.

形态 乔木，高 10～15 米。叶对生有时互生，奇数羽状复叶，小叶 5～13 片，卵状披针形。聚伞状圆锥花序，花瓣黄绿色，花期 5—6 月。浆果黑色，果期 9—10 月。

生态 喜光，稍耐阴，耐寒，耐水湿，抗腐力强，喜生于湿润、深厚、排水良好的土壤。

分布 产我国东北至华北，我国北方各地有栽培，俄罗斯、朝鲜、日本有分布。

栽培 播种繁殖。

用途 造园及边界林树种。

128. 枳（枸橘） ● 芸香科　枸橘属

Poncirus trifoliate (L.) Raf.

形态　灌木或小乔木，高 3～7 米。枝绿色，略扭扁，有枝刺。3 出复叶互生，总叶柄有翅，小叶无柄，叶缘有波状浅齿。花白色，单生，春季叶前开花。柑果球形，径 5 厘米，黄绿色，密生绒毛，有香气。

生态　喜光，耐半阴，喜温暖、湿润气候，喜排水良好、肥沃土壤，稍耐寒（耐 −15～−20℃ 低温）。

分布　产黄河流域，现华北以南常栽培。

栽培　播种繁殖。

用途　观赏树、刺篱、花篱等。

129. 臭椿 ● 苦木科 臭椿属

Ailanthus altissima（Mill.）Swingle

形态 乔木，高达 20 米。奇数羽状复叶，小叶 13～25 片，卵状披针形，长 7～12 厘米，近对生或对生。圆锥花序顶生，花小多数，白色带绿，花期6—7 月。翅果长圆状椭圆形或纺锤形，质薄，果期9—10 月。

生态 喜光，较耐寒，耐干旱、瘠薄，耐盐碱，不耐水湿，抗烟尘。

分布 我国辽宁南部及华北、西北至长江流域。朝鲜、日本有分布。

栽培 播种或分蘖繁殖。

用途 庭园绿化树种，更适宜工矿区绿化。

130. 苦楝 ● 楝科 楝属
Melia azedarach L.

形态 乔木，高达 10 米。小枝有叶痕。2～3 回奇数羽状复叶，互生，长 20～40 厘米，小叶卵形至椭圆形，长 3～7 厘米。圆锥花序与叶等长，花瓣淡紫色。花期 4—5 月。核果球形至椭圆形，果期 10—12 月。

生态 喜光，喜温暖、湿润气候，耐寒性不强，对土壤适应性强。

分布 我国华北南部至华南、西南各地，北京等地有栽培，印度、巴基斯坦、缅甸也有分布。

栽培 播种繁殖。

用途 庭园观赏树及行道树。

131. 乌桕 ● 大戟科 乌桕属
Sapium sebiferum (L.) Roxb.

形态 乔木，高达 15 米。小枝细，有乳汁。叶纸质，菱形广卵形，长 5～9 厘米，先端突尖或渐尖，基部楔形，全缘，叶柄顶端有 2 腺体。穗状花序顶生，花小，黄绿色，花期 5—7 月。蒴果 3 瓣裂，种子黑色，外被白蜡，果期 8—10 月。

生态 喜光，喜温暖气候，喜深厚肥沃及湿润土壤，较耐旱，耐水湿。

分布 产我国秦岭、淮河流域至华南、西南。日本、印度也有分布。

栽培 播种或嫁接繁殖。

用途 秋色叶树种。

168

132. 叶底珠 ● 大戟科 白饭树属

Flueggea suffruticosa (Pall.) Baill.

形态 灌木，高 1~3 米。单叶互生，椭圆形，长 1.4~4 厘米，全缘或细波状缘，两面无毛。花小，单性，黄绿色，花期 6—7 月。蒴果三棱状扁球形，3 瓣裂，果期 8—9 月。

生态 喜光，耐寒，耐干旱，适应性强。

分布 产亚洲东部，我国东北、华北、华东及陕西、四川、贵州等地有分布。

栽培 播种、扦插或分株繁殖。

用途 庭园观赏树。

133. 火炬树 ● 漆树科 盐肤木属
Rhus typhina Nutt.

形态 灌木或小乔木，高 3～5 米或 8 米。奇数羽状复叶，小叶 11～23 片，披针状长圆形，长 5～12 厘米。圆锥花序顶生，长 10～20 厘米，花小，淡绿色，花期 7—8 月。核果深红色，果期 9—10 月。

生态 喜光，耐寒，耐盐碱的先锋树种。生于山坡、林缘灌丛中。

分布 产北美，我国华北及辽宁等地有栽培。

栽培 播种或分根繁殖。

用途 风景林树种，宜丛植、群植，也可作荒山绿化及水土保持树种。

134. 黄连木 ● 漆树科 黄连木属

Pistacia chinensis Bunge

形态 乔木，高 20～30 米。树皮裂成小方块状，冬芽红褐色。偶数(罕为奇数)羽状复叶互生，小叶 5～7 对，披针形或卵状披针形，长 5～8 厘米，全缘，基歪斜。花小，单性异株。核果球形，熟时红色或紫蓝色。

生态 喜光，耐干旱、瘠薄，不耐寒，适应性强，对二氧化硫和烟尘抗性较强。

分布 我国黄河流域至华南、西南地区。

栽培 播种繁殖。

用途 庭荫树及风景林树种。

171

135. 奥斯特北美冬青　● 冬青科　冬青属
Ilex verticillata 'Oster'

形态　灌木或小乔木，高 2～4
米。单叶互生，长卵形，边缘硬齿
状，表面无毛，嫩叶古铜色，叶背面
多毛。雌雄异株，花白色，花期 5
月。浆果 10 月成熟，红色，2～3 果
丛生，观果期可达翌年 4 月。

生态　喜光，耐半阴，喜温暖、
湿润气候，较耐寒（耐 −30℃ 低温），
喜肥沃、湿润土壤。

分布　产北美，我国长江流域以
北至辽宁均可栽培。

用途　庭园观赏树。

136. 短翅卫矛 ● 卫矛科 卫矛属
Euonymus planipes (Koehne) Koehne

形态 灌木或小乔木，高 2~5
米。叶对生，椭圆状卵圆形或菱形，
长 6~14 厘米。复聚伞花序，花期5
月。蒴果近球形，粉红色，成熟时更
为艳丽，有 4~5 条明显的短翅，翅
三角形，长 0.2~0.5 厘米，假种皮
橘红色，种子黑褐色，果期9月。

生态 喜光，稍耐阴，耐寒，喜
湿润环境，喜肥沃土壤。

分布 我国东北地区，俄罗斯、
朝鲜、日本也有分布。

栽培 播种繁殖。

用途 秋季观果树种。

137. 胶东卫矛　● 卫矛科　卫矛属
Euonymus kiautschovicus Loes.

形态　直立或蔓性半常绿灌木，高 3~8 米。叶薄，对生，椭圆状卵形或倒卵形，长 4~8 厘米。聚伞花序，淡黄绿色，花期 6—7 月。蒴果扁球形，粉红色，种子带红褐色，假种皮橘红色，果期 9—10 月。

生态　喜光，较耐寒，喜温暖、湿润环境，生于山坡地及沿海地带。

分布　我国南部及辽宁、河北、山东、河南、江苏、安徽、江西等省。

栽培　扦插或播种繁殖。

用途　叶、果供观赏，可修剪成整形树，也可作绿篱栽植。

138. 桃叶卫矛 ● 卫矛科 卫矛属

Euonymus bungeanus Maxim.

形态 小乔木，高达6米。单叶对生，椭圆状卵形或圆卵形，长2～8厘米。聚伞花序腋生，具3～7朵淡黄绿色花，花期6—7月。蒴果粉红色，果期8—9月。

生态 喜光，耐寒，稍耐阴，喜肥沃沙壤土，耐干旱。

分布 我国辽宁、吉林、内蒙古及华北、华中、华东等地区，哈尔滨、长春、沈阳等地有栽培，朝鲜也有分布。

栽培 播种繁殖。

用途 庭园观赏树。

175

139. 南蛇藤 ● 卫矛科　南蛇藤属
Celastrus orbiculatus Thunb.

形态　藤本，长达 12 米。叶互生，近圆形或倒卵形，长 6～10 厘米。聚伞花序顶生或腋生，花小，淡黄绿色，花期 5—7 月。蒴果球形，橙黄色，假种皮红色，果期 9—10 月。

生态　喜光，耐旱，耐寒，缠绕性强。

分布　我国东北、华北、西北、华东、华中、华南、西南及内蒙古等地区，日本、朝鲜、俄罗斯有分布。

栽培　播种或扦插繁殖。

用途　供庭园棚架栽植。

140. 热河南蛇藤 ● 卫矛科 南蛇藤属

Celastrus orbiculatus var. ***jeholensis*** (Nakai) Kitag.

形态　与原种的主要区别是：植株较大，叶长圆形至广椭圆形，先端渐尖，背面延脉疏被粗毛；蒴果直径1~1.2厘米，3~4瓣裂，假种皮橘红色。

生态　喜光，耐旱，耐寒，缠绕性强。生于丘陵、山沟或多石灰质山坡的灌丛中。

分布　产辽宁西部及金州大黑山。

栽培　播种或扦插繁殖。

用途　供庭园棚架栽植。

141. 省沽油 ● 省沽油科 省沽油属
Staphylea bumalda DC.

形态 灌木，高 3～5 米。3 出复叶对生，小叶卵形至椭圆状卵形，长 3～8 厘米。直立圆锥花序顶生，花白色，芳香。蒴果膀胱状扁平，顶端 2 裂，果期 8—9 月。

生态 喜光，稍耐阴，耐寒，耐干旱，喜生排水良好的土壤。

分布 产我国长江中下游、华北及辽宁南部等地。朝鲜、日本有分布。

栽培 播种繁殖。

用途 庭园观赏树。

178

142. 樟叶槭 ● 槭树科 槭树属

Acer cinnamomifolium Hayata

形态 乔木，高 10～20 米。树皮灰色光滑，幼枝淡黄褐色或淡紫褐色，有绒毛。叶革质，长椭圆形，长7～12 厘米，全缘，叶被有白粉和绒毛，羽状脉。伞房花序顶生，有绒毛。果翅展开成直角或锐角。

生态 喜光，耐半阴，喜温暖、湿润气候，不耐寒。

分布 产我国东南部至湖南、贵阳等地。

栽培 播种繁殖。

用途 庭园观赏树，也可作盆景树。

143. 茶条槭 ● 槭树科 槭树属
Acer ginnala Maxim.

形态 小乔木或灌木，高 2～4 米。单叶对生，叶卵形或长圆状卵形，长 6～10 厘米，3 裂，中央裂片最大。伞房花序顶生，花黄白色，花期 5—6 月。翅果成熟深褐色，果期 9 月。

生态 喜光，也耐阴，耐寒，耐干旱，也耐水湿。

分布 产我国东北、黄河流域至长江下游一带。朝鲜、日本有分布。

栽培 播种繁殖。

用途 庭园观赏树，也可作绿篱树种。

144. 色木槭 ● 槭树科 槭树属

Acer mono Maxim.

形态 乔木，高达 20 米。单叶对生，掌状 5 裂，裂片较宽，长 3.5~9 厘米。伞房花序，花期 5 月。果翅较长，为果核的 1.5~2 倍，两翅形成钝角，稀锐角，果期 9 月。

生态 喜光，稍耐阴，耐严寒，适应性强，喜湿润、凉爽气候，喜土层深厚的山地。

分布 我国东北、华北及长江流域，朝鲜、日本、俄罗斯、蒙古也有分布。

栽培 播种繁殖。

用途 庭园观赏树。

145. 元宝槭 ● 槭树科 槭树属
Acer truncatum Bunge

形态 乔木，高8~10米。单叶对生，叶柄长2.5厘米，叶掌状5裂，裂片较窄，尖端渐尖，有时中裂片或上部3裂片又3裂，叶基常截形，长6~8厘米。花黄绿色，伞房花序顶生，花期5月。翅果扁平，翅较宽而略长于果核，果期9月。

生态 喜光，稍耐阴，较耐寒喜侧方蔽荫，喜温凉气候，喜肥沃、湿润、排水良好的土壤，耐旱，不耐瘠薄，抗烟害。

分布 产我国黄河流域及吉林、辽宁、内蒙古、陕西、甘肃、江苏和华北等省区，哈尔滨、长春、沈阳、北京等地有栽培。

栽培 播种繁殖，可修剪造型。

用途 行道树或公园、庭园观赏树。

146. 复叶槭 ● 槭树科 槭树属
Acer negundo L.

形态 乔木，高达 20 米。奇数羽状复叶，小叶 3～7 片，长 5～10 厘米。花先叶开放，花期 4—5 月。翅果长 3 厘米，淡黄褐色，果期 9 月。

生态 喜光，耐寒，耐烟尘，喜湿润、凉爽气候。

分布 产北美，我国北方地区及长江流域有栽培。

栽培 播种繁殖。

用途 行道树、庭园树。

147. 七叶树 ● 七叶树科 七叶树属

***Aesculus chinensis* Bunge**

形态 乔木，高达 25 米。小枝粗壮，无毛。小叶通常 7 片，倒卵状长椭圆形，长 8～20 厘米，缘有细齿，仅背脉有疏毛。花瓣 4，白色，圆锥花序顶生，近无毛，花期 5—6月。蒴果球形，无刺，9—10 月果熟。

生态 喜光，耐半阴，喜温和湿润气候，稍耐寒，喜肥沃、深厚土壤，深根性，不耐移植。

分布 产我国黄河中下游地区。北京、大连等地有栽培。

栽培 播种繁殖。

用途 庭园观赏树和行道树。

148. 栾树 ● 无患子科

Koelreuteria paniculata Laxm.

形态 乔木，高达 10 米。奇数羽状复叶，长可达 35 厘米，小叶 7~15 片，卵形或长卵形，长 2.5~8 厘米。大型圆锥花序顶生，长 25~40 厘米，花黄色，花期 6—7 月。蒴果膨大成膀胱状，褐色，果期 9 月。

生态 喜光，较耐寒，喜温凉气候，在干旱、瘠薄、盐渍性土壤也能生长，有一定抗污染能力。

分布 产我国北部，东北南部及北京等地有栽培。朝鲜、日本也有分布。

栽培 播种繁殖。

用途 观花、观果树种。

185

149. 黄山栾树 （全缘叶栾树） ● 无患子科

Koelreuteria bipinnata var. *integrifolia* (Merr.) T. Chen

形态 乔木，高达 17 米，树冠广卵形。2 回羽状复叶，小叶全缘 7~9 片，仅萌蘖枝上的叶有锯齿或缺裂。花期 8—9 月，满树金黄。蒴果椭圆形或近球形，秋天变淡红色。

生态 喜光，喜温暖、湿润气候，不耐寒，较耐污染，多生于丘陵、山麓及谷地。

分布 我国长江以南地区，我国中部及东部、华北地区有栽培。

栽培 播种繁殖。

用途 庭荫树、行道树或厂区绿化树种。

150. 文冠果　　● 无患子科　文冠果属

Xanthoceras sorbifolium Bunge

形态　小乔木或灌木，高达 8 米。奇数羽状复叶，互生，小叶 9～19 片。长圆形至披针形，长 2.5～5 厘米。总状花序，花瓣 5，白色，基部有由黄变红的斑晕，花期 5 月。蒴果球形，种子卵圆形，果期 8—9 月。

生态　喜光，不耐水湿，耐干旱、瘠薄，耐寒，适应性强。

分布　我国辽宁南部、西部及内蒙古、河南、陕西、甘肃等省区，东北地区有栽培，蒙古也有分布。

栽培　播种繁殖。

用途　观赏树种。

151. 无患子 ● 无患子科　无患子属

Sapindus mukorossi Gaertn.

形态　乔木，高 20 米。小枝皮孔多而明显。小叶 5～8 对（罕为奇数），长 8～20 厘米，基部略偏斜。圆锥花序顶生，花小，黄白色，花期 5—6 月。核果近球形，黄色，种子球形，黑色，果期 7—8 月。

生态　喜光，稍耐阴、不耐寒，喜温暖、潮湿气候，抗风力强，对二氧化硫抗性较强。

分布　我国长江流域及以南地区，越南、老挝、印度、日本有分布。

栽培　播种繁殖。

用途　庭荫树或行道树。

152. 细花泡花树 ● 清风藤科　泡花树属
Meliosma parviflora Lec.

形态　乔木，树皮灰褐色，片状剥落。单叶互生，阔倒卵形，叶面光滑无毛，叶背面被疏柔毛，叶缘中部以上有锯齿。圆锥花序，花密集，白色，近无梗。核果球形，熟时红色。

生态　喜光，不耐寒，喜湿润环境，多生于溪边。

分布　产我国江苏、浙江、湖北、四川等地，上海等地有栽培。

栽培　播种繁殖。

用途　庭园观果树。

153. 鼠李 ● 鼠李科 鼠李属
Rhamnus davurica Pall.

形态 灌木或小乔木，高达 8 米。小枝较粗，无毛，枝端具顶芽，不为刺状。叶较大，近对生，倒卵状长椭圆形至卵状椭圆形，长 4～12 厘米，表面有光泽。花单性异株，3～5 朵生于叶腋或在短枝上簇生，黄绿色。果近球形，熟时紫黑色。

生态 喜光，耐阴，耐寒，耐瘠薄。

分布 我国东北、华北及内蒙古等地。朝鲜、蒙古、俄罗斯有分布。

栽培 播种繁殖。

用途 庭园观赏树。

154. 乌苏里鼠李 ● 鼠李科 鼠李属

Rhamnus ussuriensis J. Vass.

形态 灌木或小乔木，高 3～5 米；小枝对生或近对生，先端尖刺状。叶在长枝上对生或在短枝上簇生，叶长椭圆形或狭矩圆形，长 3～10 厘米。聚伞花序腋生，花单性。核果球形，熟时黑色。

生态 喜光，稍耐阴，耐寒，喜湿润，常生于河溪岸畔。

分布 产我国东北及河北、内蒙古、山东等地区，朝鲜、日本、俄罗斯有分布。

栽培 播种繁殖。

用途 观赏灌木。

155. 枣 ● 鼠李科 枣属

Ziziphus jujube Mill.

形态 乔木，高达 10 米。枝常有托叶刺，一枚长而直伸，另一枚小而向后钩曲，短枝折曲。叶片较厚，近革质，卵形、圆卵形或卵状披针形，长 3~6 厘米，具光泽，3 出脉。花淡黄色或微带绿色，花期 5—7 月。核果卵形至柱状长卵形，熟后暗红色，味甜，具光泽，果期 8—9 月。

生态 喜光，耐热，耐寒，耐干旱、瘠薄，也耐涝，适应性强。

分布 我国东北南部及内蒙古南部至华南，以黄河中下游、华北平原栽培最为普遍，沈阳地区也有栽培。

栽培 播种、嫁接或分根繁殖。

用途 观赏树种及果树。

156. 酸枣 ● 鼠李科 枣属

Ziziphus jujube var. ***spinosa*** (Bge.) Hu ex H. F. Chow

形态 灌木或小乔木，高 1~3 米。小枝呈"之"字形弯曲，紫褐色。叶互生，长 1.5~3.5 厘米，卵形或椭圆状卵形。短聚伞花序簇生于叶腋，具花 2~3 朵，黄绿色，花期 6~7 月。核果小，近球形或长圆形，味酸，暗红色，果期 9 月。

生态 喜光，耐寒，耐干旱，抗性强，生于干燥向阳坡地。

分布 产我国辽宁、内蒙古及华北地区以及黄河和淮河流域。

栽培 播种或分根繁殖。

用途 绿化先锋树种。

157. 龙须枣 ● 鼠李科 枣属

Ziziphus jujube 'Tortuosa'

龙须枣与原种主要区别为小枝卷曲如蛇游状。果实较小。嫁接繁殖。

158. 梨枣 ● 鼠李科 枣属

Ziziphus jujube 'Lizao'

小乔木，树体中大，发枝力较弱。果实多为梨形，果面不光滑，果皮较薄，赭红色，间有紫红色点片，果肉厚。产我国河北省，华北及辽宁南部有栽培。

194

159. 枳椇（拐枣）　● 鼠李科　枳椇属

Hovenia acerba Lindl.

形态　乔木，高达 25 米，树冠广卵形。叶宽卵形、卵形至卵状椭圆形，长 8～15 厘米，基部稍歪斜，锯齿粗钝，基生 3 出脉。聚伞花序，花期 6—7 月。核果球形，径 0.6～0.8 厘米，果梗肉质，红褐至暗褐色，果期 9—10 月。

生态　喜光，稍耐寒，喜潮湿环境，喜肥沃土壤。

分布　我国华北地区及长江流域以南各省，北京有栽培。

栽培　播种繁殖。

用途　行道树、庭园观赏树。

160. 无核白鸡心葡萄 ● 葡萄科 葡萄属
Vitis vinifera 'Centennial seedless'

无核白鸡心葡萄别名森田尼无核，果穗圆锥形或分枝形，平均穗重500克，果粒长卵圆形，品质极佳，丰产性能好。生长势中等，抗病性强。我国辽宁等地区有栽培。

161. 巨峰葡萄 ● 葡萄科 葡萄属
Vitis vinifera 'Kyoho'

巨峰葡萄为欧美杂交种，产日本，我国东北部地区广泛栽培，鲜食品种。果粒大，色艳，果肉软，风味较好。耐湿能力强。

162. 美人指葡萄　● 葡萄科　葡萄属
Vitis vinifera 'Meirenzhi '

美人指葡萄果穗中大，无副穗，果实先端为鲜红色，润滑光亮。9 月中下旬成熟。产日本，适宜我国辽南地区栽培。

163. 红提子葡萄　● 葡萄科　葡萄属
Vitis sp.

红提子葡萄属欧洲种，由美国引入。叶面光滑无毛，叶柄淡红色。果皮中厚，鲜红色，9—10 月果熟。

197

164. 地锦 ● 葡萄科　地锦属

Parthenocissus tricuspidata (Sieb. et Zucc.) Planch.

形态　攀援藤本，长达 15 米，枝条粗壮多分枝。卷须顶端具圆形吸盘。叶互生，在短枝端 2 叶呈对生状，叶宽卵形，常 3 裂，秋叶变红色或红紫色。聚伞花序腋生于短枝端，花期 6 月。浆果球形，蓝紫色，果期9—10 月。

生态　畏强光，耐寒，喜湿，耐阴，适应性强。

分布　我国从吉林到广东均有分布，朝鲜、日本也有分布。

栽培　播种、分根或扦插繁殖。

用途　垂直绿化优良树种。

198

165. 紫锻 ● 椴树科 椴树属

Tilia amrensis Rupr.

形态 乔木，高达 30 米。树冠卵形；树皮片状脱落。叶广卵形或近圆形。长 3.5～8 厘米。聚伞花序，长 4～8 厘米，花黄白色，花期 7 月。果球形或椭圆形，果期 9 月。

生态 喜光，稍耐阴，耐寒，喜湿润、排水良好的肥沃土壤。

分布 产我国东北、华北及内蒙古等地区。

栽培 播种繁殖。

用途 行道树、庭园树。

166. 糠椴 ● 椴树科　椴树属

Tilia mandshurica Rupr. et Maxim.

形态　乔木，高达 20 米。树皮灰色，幼枝密生浅褐色星状绒毛。叶广卵圆形，长 8～15 厘米，基部心形，缘有带尖头的粗齿，表面疏生星状毛，背面密生星状毛。聚伞花序具花 7～12 朵，花期 7 月。坚果基部有 5 棱，果期 9 月。

生态　喜光，耐寒，喜凉润气候，喜生于潮湿山地或干湿适中的平原。

分布　产我国东北，华北有分布。

栽培　播种繁殖。

用途　庭荫树、行道树，宜孤植、列植或丛植。

167. 梧桐（青桐） ● 梧桐科 梧桐属
Firmiana simplex (L.) W. F. Wight

形态 乔木，高达 15 米。树皮绿色，平滑。叶掌状 3～5 裂，长 15～30 厘米。圆锥花序顶生，花黄绿色，花期 6—7 月。果实成熟前心皮开裂成叶状，果期 9—10 月。

生态 喜光，喜温暖、湿润气候喜肥沃沙壤土，不耐寒，怕水淹。

分布 产我国和日本，我国华北至华南、西南等地栽培甚广，尤以长江流域为多，北京、大连等地也有栽培。

栽培 播种繁殖。

用途 庭荫树及行道树，可孤植、列植或丛植。

201

168. 大籽猕猴桃 ● 猕猴桃科　猕猴桃属
Actinidia macrosperma C. F. Liang

形态　藤木。小枝近无毛，髓实心，白色。叶椭圆形至卵圆形，长8厘米，先端尖或圆，基部广楔形或圆形，缘具圆齿或近全缘，表面无毛。花单生，萼片2，花瓣7~9朵，白色。果卵形或近球形，长3~3.5厘米，无斑点，熟时橙黄色。

生态　喜光，稍耐阴，不耐寒，生于低山丘陵林中或林缘。

分布　产江苏、安徽、浙江、江西、湖北及广东北部，上海等地有栽培。

栽培　播种或扦插繁殖。

用途　庭园观赏树。

169. 软枣猕猴桃 ● 猕猴桃科 猕猴桃属

Actinidia arguta (Sieb. et Zuss.) Planch. et Miq.

形态 大型藤本，长可达 30 米以上。老枝光滑，髓褐色，片状。叶卵圆形、椭圆状卵形或长圆形。聚伞花序腋生，具花 3~6 朵，花白色，花期 5—6 月。浆果球形或长圆形，绿色，果期 9 月。

生态 喜光，稍耐阴，耐寒，喜深厚、湿润、排水良好的肥沃土壤。

分布 产我国东北、西北、华北、华东及福建等地区，朝鲜、日本、俄罗斯有分布。

栽培 播种繁殖。

用途 垂直绿化树种，果可食。

170. 山桐子 ● 大风子科 山桐子属

***Idesia polycarpa* Maxim.**

形态 乔木，高达 10 米。单叶互生，广卵形，长 10～20 厘米，掌状 5～7 基出脉，缘有疏齿，表面深绿色，背面白色，沿脉有毛，脉腋有簇毛，叶柄上部有 2 大腺体。花单性异株或杂性，圆锥花序顶生。花期 5—6 月。浆果球形，红色，果期 9—10 月。

生态 喜光，喜温暖，耐高温，喜排水良好土壤。

分布 产我国华东、华中、西北及西南各地，朝鲜、日本有分布。

栽培 播种或嫁接繁殖。

用途 庭荫树及观赏树。

171. 毛叶山桐子 ● 大风子科　山桐子属
Idisia polycarpa var. ***vestita*** Diels

与原种主要区别为叶被密生短柔毛。产河南、河北、陕西、甘肃至长江流域。

172. 长白瑞香　● 瑞香科　瑞香属
Daphne koreana Nakai

　　形态　灌木，高 20～50 厘米，稀达 1 米。多分枝，枝条光滑。叶互生，叶片倒披针形。花序腋生或顶生，具花 3～6 朵，花淡黄色，仅有花萼，无花瓣，顶端 4 裂。果为浆果，红色，卵形，内具 1 粒白色种子。花期、果期均为 5—8 月。

　　生态　喜光，稍耐阴，耐寒，生于山地阔叶林中。

　　分布　产我国辽宁本溪地区及吉林省，朝鲜有分布。

　　栽培　播种繁殖。

　　用途　稀有观赏灌木。

173. 番木瓜 ● 番木瓜科 番木瓜属
Carica papaya L.

形态 落叶或半常绿小乔木，茎通常不分枝，高达 8 米。叶大，互生，掌状 7~9 深裂，叶柄长而中空，集生于茎端。花单性异株，黄白色，芳香。浆果椭球形，长 10~30 厘米，熟时橙黄色。

生态 喜光，极不耐寒，遇霜即凋。

分布 产热带美洲，现广泛种植于世界热带及暖亚热带地区，我国华南及西南等地有栽培。

栽培 播种或扦插繁殖。

用途 果供观赏或食用。

174. 秋胡颓子 ● 胡颓子科　胡颓子属
Elaeagnus umbellate Thunb.

形态　灌木或小乔木，高 4 米。小枝带黄褐色或一部分带银白色。叶片椭圆形或倒卵状披针形，长 3~8 厘米，顶端钝，背面有银白色或褐色鳞片。花黄白色，先于叶开放，花期 5—6 月。果期 9—10 月。

生态　喜光，耐寒，耐干旱、瘠薄，适应性强。

分布　我国辽宁南部及华北、西北、华东及福建、湖北、四川等省。朝鲜、日本、印度也有分布。

栽培　播种繁殖。

用途　庭园观赏树。

175. 沙棘　● 胡颓子科　沙棘属
Hippophae rhamnoides L.

形态　灌木或小乔木。叶条形或条状披针形，长3~6厘米，两面密被银白色鳞片。花先于叶开放，淡黄色，花期5月。果近球形，橘黄色或呈黄色，经冬不落，果期9—10月。

生态　喜光，耐寒，耐干旱，抗风沙，生于干燥山坡、沟谷及沙地。

分布　产我国辽宁、内蒙古及华北、西北、西南地区，蒙古、俄罗斯及其他欧洲国家也有分布。

栽培　播种或扦插繁殖。

用途　绿化先锋树种，可作绿篱，也是固沙和水土保持树种。

176. 喜树 ● 珙桐科　喜树属

Camptotheca acuminate Decne.

形态　乔木，高达 30 米。单叶互生，通常卵状椭圆形，长 8～20 厘米，全缘或幼树叶有齿。花杂性同株，头状花序球形。坚果近方柱形，聚生成球形果拳。

生态　喜光，喜温暖、湿润气候，不耐寒，不耐干旱、瘠薄。

分布　产我国长江以南地区。

栽培　播种繁殖。

用途　行道树、庭荫树。

177. 石榴 ● 石榴科 石榴属
Punica granatum L.

形态 灌木或小乔木，高 2～7 米。枝常有刺。单叶对生或簇生，长椭圆状倒披针形，长 3～6 厘米，全缘。花通常深红色，单生枝端，花期 5—7 月。浆果球形，径 6～8 厘米，果皮红色。

生态 喜光，喜温暖气候，稍耐寒，喜肥沃、湿润、排水良好的土壤。

分布 产伊朗、阿富汗等中亚地区，我国黄河流域及以南地区栽培较多，北京地区有栽培。

栽培 播种繁殖。

用途 庭园观赏树。

178. 辽东楤木 ● 五加科 楤木属

Aralia elata (Miq.) Seem.

形态 灌木或小乔木，高 1.5～
4 米，茎、枝有刺。2～3 回奇数羽状
复叶，长达 80 厘米；小叶 9～13 片
小叶卵形或椭圆状卵形。花序顶生，
伞形花序聚生为伞房状圆锥花序，花
期 8 月。核果球形，果期 9—10 月。

生态 耐寒，耐阴，喜湿润、肥
沃土壤。

分布 我国辽宁、黑龙江、吉
林、山东等省，朝鲜、日本、俄罗斯
也有分布。

栽培 播种繁殖。

用途 庭园观赏树。

179. 刺五加 ● 五加科 五加属

Eleutherococcus senticosus (Rupr.et Maxim.) Maxim.

形态 灌木，高 1~3 米。茎直立。掌状复叶互生，具 5 片小叶，小叶椭圆状卵形，长 6~12 厘米。伞形花序，排列成球状，花期 7—8 月。果实近球形，成熟时黑色，果期 8—9 月。

生态 喜光，稍耐阴，耐寒，喜湿润气候，喜肥沃土壤。

分布 产我国东北、华北及陕西等地区。朝鲜、日本、俄罗斯有分布。

栽培 播种繁殖。

用途 观赏灌木。

180. 红瑞木 ● 山茱萸科 梾木属
Cornus alba L.

形态 灌木，高 1.5～3 米。枝条鲜红色，常被白粉。叶对生，椭圆形，长 4～9 厘米，秋冬季叶变红。伞房状聚伞花序顶生，花白色或黄白色，花期 5～6 月。果实乳白带蓝，核果斜卵圆形。

生态 喜凉爽、湿润气候，喜半阴环境，耐寒，耐湿热。

分布 产我国东北、西北及江苏、江西等地。朝鲜，俄罗斯有分布。

栽培 播种、扦插或压条繁殖。

用途 北方绿化中不可缺少的冬季观赏树种。

181. 偃伏楝木 ● 山茱萸科 楝木属
Cornus stolonifera Michx.

形态 灌木，高 2～3 米。枝血红至紫红色，被粗伏毛。叶对生，椭圆形或长卵状披针形，长 5～12 厘米，背面灰白色，秋叶橙红色。花小，白色，50～70 朵成聚伞花序，花期 6—7 月。核果白色，有时带绿色，径 0.8 厘米，果期 8—9 月。

生态 喜光，耐半阴，耐寒，耐湿，也耐干旱。

分布 产北美东部，我国东北一些城市有栽培。

栽培 播种或扦插繁殖。

用途 观花、观果树种。

182. 灯台树 ● 山茱萸科 梾木属
Cornus controversa Hemsl.

形态　小乔木，高4～10米。树枝层层平展，形如灯台，枝暗紫红色。叶互生，簇生于枝梢，叶广卵形或广椭圆形，长7～16厘米。伞房状聚伞花序生于新枝顶端，长9厘米，花小，白色，花期5—6月。核果近球形，初为紫红色，后为紫黑色，果期9—10月。

生态　喜光，稍耐阴，喜湿润气候，喜肥沃土壤，生于杂木林内、林缘或溪流旁。

分布　我国华北、华中、华东、华南、西南及辽宁等地区。

栽培　播种繁殖。

用途　庭园观赏树，宜孤植、列植或丛植。

183. 山茱萸 ● 山茱萸科 梾木属

Cornus officinalis Sieb. et Zucc.

形态 乔木或灌木，高 4～10 米。叶对生，卵状椭圆形，长 5～12 厘米，脉腋密生淡褐色丛毛，侧脉 6～7 对。伞形花序侧生，有总苞片 4 片，花先叶开放，黄色。核果长椭圆形，红色至紫红色。花期 4 月，果期 9—10 月。

生态 喜光，稍耐阴，较耐寒，喜温湿气候，喜肥沃土壤，性强健。

分布 产我国浙江、安徽等省，北京、沈阳、大连等地有栽培。

栽培 播种繁殖。

用途 庭园观赏树。

184. 四照花　● 山茱萸科　梾木属

Cornus kousa var. **chinensis** Osborn

形态　灌木或小乔木，高达 9 米。叶对生，卵状椭圆形，长 5～12 厘米，具弧状侧脉 4～5 对。头状花序近球形，基部具 4 枚白色花瓣状总苞片，花黄色，花期 5—6 月。核果为球形聚合果，紫红色，果期 9—10 月。

生态　喜光，稍耐阴，较耐寒，喜温暖、湿润气候及排水良好的沙壤土。

分布　产我国长江流域及河南、山西、陕西、甘肃等地，北京、大连、熊岳等地有栽培。

栽培　播种、分株或扦插繁殖。

用途　庭园观赏树。

185.蓝莓 ● 杜鹃花科 越橘属
Vaccinium uliginosum L.

形态 小灌木，株高 0.3~1.5 米，茎直立。叶互生，倒卵状椭圆形，长 1~2.5 厘米，全缘。花着生上年枝顶，下垂，花绿白色，壶形，花期 6 月。浆果近球形，成熟时黑紫色，披白粉，果 7 月末成熟，单果重 0.5~2.5 克。

生态 喜光，较耐寒，喜空气湿润，喜酸性土壤。

分布 产美国，我国辽宁、吉林等地有栽培。

栽培 播种或扦插繁殖。

用途 观赏果树。

186. 柿树 ● 柿树科　柿树属

Diospyros kaki L. f.

形态　乔木，高达15米。树皮方块状开裂。叶互生，革质，长圆状倒卵形至椭圆状卵圆形，长6~18厘米。花淡黄白色，花期5—6月。果卵圆形或扁圆球形，径3.5~8厘米，成熟时橙黄色或红色，果期9—10月。

生态　喜光，喜温和气候，稍耐寒，对土壤要求不严，但以土层深厚疏松的土壤为佳，不耐水湿或盐碱。

分布　产我国长江及黄河流域，辽宁南部至华南广为栽培。

栽培　嫁接繁殖。

用途　观赏树种及果树。

187. 老鸦柿 ● 柿树科 柿树属

Diospyros rhombifolia Hemsl.

形态 乔木，高达 17 米。小枝无毛。叶卵状椭圆形至卵状披针形，长 10～15 厘米，表面无毛，背面苍白色，革质。果球形或扁球形，径1.5～2 厘米，熟时红色，被白霜，果期 10 月。

生态 喜光，喜温暖，耐高温，喜肥沃、排水良好的土壤。

分布 产浙江、江苏、安徽、福建、江西等省。

栽培 播种繁殖。

用途 庭园观赏树。

188. 浙江柿（粉叶柿） ● 柿树科 柿树属

Diospyros glaucifolia Metc.

形态 乔木，高达 17 米。小枝无毛。叶卵状椭圆形至卵状披针形，长 10～15 厘米，表面无毛，革质。果球形或扁球形，径 1.5～2 厘米，成熟红色，无毛，被白霜。

生态 喜光，不耐寒，不耐水湿和盐碱。

分布 产浙江、江苏、安徽、江西、湖南、福建及贵州等地。

栽培 播种繁殖。

用途 观赏树。

189. 玉玲花 ● 野茉莉科 野茉莉属

Styrax obassia Sieb. et Zucc.

形态 小乔木，高 4～10 米。皮剥裂，枝黑褐色，稍呈"之"字形弯曲。小枝下部的叶较小而对生，上部叶大，互生，叶片椭圆形至广倒卵形。总状花序顶生或腋生，具花 10 余朵，花下垂，花冠白色，径 2 厘米，花期 5—6 月。果卵形或球状卵形，果期 8 月。

生态 喜光，喜温暖、湿润气候，稍耐寒，多生于山区杂木林中。

分布 产我国辽宁南部至华北、华中等地区，朝鲜、日本有分布。

栽培 播种繁殖。

用途 庭园观赏树，花芳香美丽，可在庭园、公园内孤植或丛植。

190. 秤锤树 ● 野茉莉科　秤锤树属
Sinojackia xylocarpa Hu

形态　小乔木，高达 7 米。单叶互生，椭圆形至椭圆状倒卵形，长 3~9 厘米，缘有硬骨质细锯齿。聚伞花序腋生，花白色，径 2.5 厘米，花柄细长下垂，花期 4—5 月。果卵形，长约 2 厘米，木质，有白色斑纹，具钝或凸尖的喙，10—11 月果熟。

生态　喜光，耐半阴，不耐寒，喜肥沃，湿润、排水良好的酸性土壤。

分布　产江苏、浙江、安徽、湖北、河南等地。

栽培　播种繁殖。

用途　庭园观赏树。

191. 水曲柳 ● 木犀科　白蜡属

***Fraxinus mandshurica* Rupr.**

　　形态　乔木，高达 30 米。奇数羽状复叶对生，叶轴有狭翼，小叶 7~11 片，卵状披针形至披针形。雌雄异株，花先叶开放，花期 5 月。翅果长圆状披针形，扭曲，果期 9—10 月。

　　生态　喜光，耐半阴，耐寒，喜湿润、肥沃土壤。

　　分布　产我国东北及内蒙古、河北等地，朝鲜、日本、俄罗斯有分布。

　　栽培　播种繁殖。

　　用途　庭园观赏树及风景林树种。

192. 海州常山 ● 马鞭草科　赪桐属

Clerodendrum trichotomum Thunb.

形态　灌木或小乔木，高 3～8
米。单叶对生，叶广卵形或三角状卵
形，长 5～16 厘米。聚伞花序顶生或腋
生，花萼紫红色，花冠白色或带粉红
色，花期 8—9 月。核果近球形包于宿
存花萼内，熟时蓝紫色，果期10月。

生态　喜光，稍耐阴，喜湿润、
肥沃土壤，较耐寒，适应性强。

分布　我国辽宁南部及华北、华
东、中南及西南等地区。日本、朝
鲜、菲律宾也有分布。

栽培　播种或分蘖繁殖。

用途　观赏灌木。

225

193. 紫珠 ● 马鞭草科 紫珠属

Callicarpa japonica Thunb.

形态 灌木，高 1.5~2 米。小枝幼时有绒毛。叶变异大，卵形、倒卵形至卵状椭圆形，长 7~15 厘米，两面通常无毛。聚伞花序腋生，短小，花冠白色或淡紫色，花期 6—7月。果球形，亮紫色，果期 8—10月。

生态 喜光，稍耐寒，喜肥沃、湿润土壤。

分布 我国东北南部、华北、华东、华中等地。日本、朝鲜有分布。

栽培 扦插或播种繁殖。

用途 观果灌木。

194. 老鸦椿（珍珠枫） ● 马鞭草科　紫珠属
Callicarpa bodinieri Leyl

形态　灌木，高 1～2 米。小枝有毛。叶较宽大，椭圆形至卵状椭圆形，长 5～17 厘米，叶两面均有粒状红色腺点。聚伞花序，花淡紫色，有腺点，7—8 月开花。核果紫红色，光亮。9—10 月果熟。

生态　喜光，喜温暖、多湿，不耐寒，喜肥沃、排水良好的壤土。

分布　产我国华东、中南及西南地区。

栽培　播种或扦插繁殖。

用途　庭园观赏树。

227

195. 中宁枸杞 ● 茄科 枸杞属
Lycium barbarum L.

形态 灌木，高2.5米。多分枝，枝具棘刺，小枝顶端尖锐成刺状。单叶互生或簇生，叶较狭，披针形至线状披针形；花单生或2~8朵簇生叶腋，淡紫色，花冠裂片无缘毛，花期5—8月。浆果红色，较大，果期8—10月。

生态 喜光，耐寒，耐旱，耐盐碱，喜水肥。

分布 产我国西北和内蒙古；各地有栽培。

栽培 播种、扦插繁殖。

用途 观果灌木。

196. 楸叶泡桐　● 玄参科　泡桐属
Paulownia catalpifolia Gong Tong

形态　乔木，高达 20 米，树冠圆锥形。枝叶较密。叶长卵形，长约为宽的 2 倍，全缘，深绿色。花冠细长，白色或淡紫色，筒内密布紫色小斑，狭圆锥花序。蒴果纺锤形，果期秋季。

生态　喜光，稍耐寒，较耐干旱，耐瘠薄土壤。

分布　华北以南及淮河以北地区。山东较多。

栽培　播种繁殖。

用途　观赏树、行道树及"四旁"绿化树种。

197. 兰考泡桐　● 玄参科　泡桐属
Paulownia elongate S. Y. Hu

形态　乔木，高 10～15 米。树冠宽阔，较稀疏。叶广卵形或卵形，全缘或 3～5 浅裂，背面有灰色星状毛。花冠较大，长 8～10 厘米，淡紫色，狭圆锥花序，花期 4—5 月。蒴果卵形，果期秋季，很少结果。

生态　喜光，喜温暖气候，喜疏松肥沃土壤，耐干旱、瘠薄，不耐积水和盐碱。

分布　产河南、山东等地区。

栽培　播种或扦插繁殖。

用途　行道树及"四旁"绿化树种。

198. 泡桐 ● 玄参科 泡桐属

Paulownia fortunei (Seem.) Hemsl.

形态 乔木，高20~25米。叶心状卵圆形，长15~25厘米，全缘，基部心形，表面光滑，背面有绒毛。花白色，里面淡黄并有大小紫斑。果大，长8厘米。

生态 喜光，较耐寒，喜温暖、湿润气候，耐盐碱，耐瘠薄，适应性强。

分布 产我国长江流域及其以南地区，北京等地有栽培。

栽培 播种或分根繁殖。

用途 庭园观赏树。

199. 楸树 ● 紫葳科 梓树属

Catalpa bungei C. A. Mey.

形态 乔木，高20~30米。干皮纵裂，小枝无毛。叶对生或轮生，卵状三角形，长6~15厘米，叶背无毛，基部有2个紫斑。花白色，内有紫斑，总状花序顶生，花期5—6月。蒴果细长，下垂，果期6—10月。

生态 喜光，喜温暖气候，不耐严寒，不耐瘠薄和水湿，抗有毒气体。

分布 主产黄河流域，长江流域也有分布。

栽培 播种繁殖。

用途 庭园观赏树。

200. 梓树 ● 紫葳科 梓树属

Cataipa ovata G.Don

形态 乔木，高达8米，单叶对生，叶广卵形或近圆形，有波状齿或3~5浅裂，叶背脉腋有紫黑色斑点。顶生圆锥花序，花冠浅黄色，花筒内部有橘黄色纹及紫色斑点，花期5—6月。蒴果长圆柱形，果期9—10月。

生态 喜光，稍耐阴，耐寒，喜温凉气候，抗污染力强。

分布 产我国东北南部、华北、西北、华中、西南各地。辽宁、吉林及哈尔滨等地有栽培。

栽培 播种繁殖。

用途 行道树、庭荫树。

201. 黄金树 ● 紫葳科 梓树属

Catalpa speciosa Ward.

形态 乔木，高达 30 米，树冠卵圆形。叶多 3 叶轮生，罕对生，叶片宽卵形卵状圆形，全缘，侧脉腋被绿色腺点。圆锥花序顶生，花冠白色，下唇筒部里面有两黄色条纹及梓树斑点，花期 5—6 月。蒴果短粗，果期 9—10 月。

生态 喜光，较耐寒，喜湿润凉爽气候及深厚、肥沃土壤，忌积水地。

分布 产美国东部和中部。我国华北和东北南部有栽培。

栽培 播种繁殖。

用途 庭园观赏树、行道树。

233

202. 金银忍冬 ● 忍冬科 忍冬属

Lonicera maackii (Rupr.) Maxim.

形态 灌木或小乔木，高 5～6 米。叶卵状椭圆形至卵状披针形，长 5～8 厘米。花成对腋生，花冠 2 唇形，先白色，后变黄色，有微香，花期 5—6 月。浆果红色，存于枝上可达 2～3 个月，果期 9 月。

生态 喜光，稍耐阴，喜湿润气候，也耐干旱，耐寒，对土壤要求不严，抗性强。

分布 产我国东北、华北、西北等地，朝鲜、俄罗斯有分布。

栽培 播种或扦插繁殖。

用途 优良的观花、观果灌木，

冬果不落与瑞雪相衬，景观十分优美，可孤植或丛植于庭园。

234

203. 黄花忍冬　● 忍冬科　忍冬属
Lonicera chrysantha Turcz.

形态　灌木，高达 4 米。叶菱状披针形至卵状披针形，长 4～10 厘米。花冠 2 唇形，黄白色，后变为黄色，花期 6 月。浆果红色，球形，果期 8—9 月。

生态　喜光，耐半阴，耐寒，喜湿润气候，对土壤要求不严，适应性强。

分布　产我国东北、西北、华北等地区，朝鲜、日本、俄罗斯有分布。

栽培　播种或扦插繁殖。

用途　夏季黄花，秋季红果，宜孤植或丛植于庭园，也可片植于林中。

204. 长白忍冬　● 忍冬科　忍冬属
Lonicera ruprechtiana Regel

形态　灌木，高 3～5 米。叶长圆状倒卵形至披针形，长 5～10 厘米。花梗长 1～2 厘米；花冠白色，后变黄色，唇形，花期 5—6 月。浆果红色或橘红色，果期 8—9 月。

生态　喜光，也能耐阴，耐寒，喜湿润，也耐干旱，适应性较强。

分布　产我国东北及河北等省区，哈尔滨、长春、沈阳、北京等地有栽培。朝鲜、俄罗斯有分布。

栽培　播种繁殖。

用途　庭园观赏灌木。

205. 桃色忍冬 ● 忍冬科 忍冬属
Lonicera tatarica L.

形态 灌木，高达3米。叶卵形至卵状长圆形，长2.5~6厘米。花成对腋生，花冠2唇形，粉红色、红色或白色，花期5—6月。浆果红色，常合生，果期6—9月。

生态 喜光，稍耐阴，耐寒，耐干旱、瘠薄，喜深厚的土壤。

分布 产俄罗斯，我国新疆有分布，华北、东北地区有栽培。

栽培 播种或扦插繁殖。

用途 观花、观果灌木，可片植、孤植。

206. 繁果忍冬 ● 忍冬科　忍冬属
Lonicera tatarica 'Myriocarpa'

花繁密，果实特多，其他同原种。我国北京等地有栽培。

207. 红花鞑靼忍冬 ● 忍冬科　忍冬属
Lanicera tatarica 'Sibirica'

花深粉红色，其他同原种。

208. 早花忍冬 ● 忍冬科　忍冬科
Lonicera praeflorens Batal.

形态　灌木，高达 2 米。叶广卵圆形至椭圆形，长 4~7 厘米。花先于叶开放，成对生于叶腋的总花梗上，花梗短，花冠淡紫色，花期 4月。浆果红色，果期 5—6 月。

生态　喜光，也耐阴，耐寒，喜排水良好土壤，常生于针叶林、混交林或次生的阔叶林下。

分布　产我国东北地区，俄罗斯、日本、朝鲜有分布。

栽培　播种或扦插繁殖。

用途　早春开花，盛夏红果累累，可丛植或孤植于庭园。

209. 紫枝忍冬 ● 忍冬科 忍冬属
Lonicera maximowiczii (Rupr.) Regel

形态 灌木，高2~3米。叶卵形、椭圆形或卵状长圆形至卵状披针形，长3~8厘米。花冠紫红色，长1厘米，花期5—6月。浆果红色，相邻两果在中部以上合生，卵形，果期8月。

生态 喜光，较耐阴，耐寒，喜湿润、肥沃土壤，多生于杂木林中。

分布 产我国吉林、黑龙江、陕西、内蒙古、甘肃等省区，朝鲜、俄罗斯有分布。

栽培 播种或扦插繁殖。

用途 观赏灌木。

210. 蓝叶忍冬 ● 忍冬科 忍冬属
Lonicera korolkowii Stapf.

形态 灌木，高2～3米，树形紧密。单叶对生，叶卵形或椭圆形，全缘，蓝绿色。花红色，花期4—5月。浆果亮红色，果期9—10月。

生态 喜光，稍耐阴，耐寒，适应性强。

分布 产土耳其。我国北京、沈阳、长春等地有栽培。

栽培 播种或扦插繁殖。

用途 叶、花、果供观赏，为优良花灌木，耐修剪，可作绿篱。

211. 蓝靛果忍冬 ● 忍冬科 忍冬属
Lonicera caerulea var. *edulis* Turcz.

形态 灌木，高达 1.5 米。叶卵状长椭圆形至长椭圆形，长 2~5 厘米，基部圆形。花成对腋生，花冠黄白色，花期 5—6 月。果长椭圆形，蓝色或蓝黑色，稍有白粉，果期 8—9 月。

生态 喜光，耐半阴，耐寒。

分布 产东北、西北、华北及内蒙古等地。

栽培 播种繁殖。

用途 观赏灌木。

212. 暖木条荚蒾　● 忍冬科　荚蒾属

Viburnum burejaeticum Regel et Herder

形态　灌木，高 2～4 米。单叶对生，叶卵形、卵状椭圆形或椭圆状倒卵形，长 4～10 厘米，缘有锯齿。聚伞花序顶生，花白色，花期 5—6 月。核果椭圆形，成熟后蓝黑色，果期 8—9 月。

生态　喜光，稍耐阴，耐寒。

分布　产我国东北及河北、山西等地。俄罗斯、日本、朝鲜有分布。

栽培　播种繁殖。

用途　庭园观赏树。

213. 鸡树条荚蒾（天目琼花） ● 忍冬科 荚蒾属
Viburnum sargentii Koehne

形态 灌木，高达3米。老枝和茎暗灰色。单叶对生，叶广卵形至卵圆形，长6~12厘米，通常3裂而具掌状3出脉。花白色，复伞花序顶生，外圈为不孕性辐射状白花，内面为乳白色杯状花冠小花，花期5—6月。浆果状核果，鲜红色，果期9—10月。

生态 喜光，耐半阴，耐寒，耐旱，喜湿润、凉爽气候，多生于溪谷湿润处或林内。

分布 产亚洲东北部。我国东北及内蒙古、华北至长江流域等地有栽培。

栽培 播种繁殖。

用途 观花、观果落木。宜植于遮阳或背阴处，如大树下、树丛中，作为点缀树种最为适宜。

214. 欧洲绣球 ● 忍冬科 荚蒾属
Viburnum opulus L.

形态　灌木，高达4米。枝浅灰色，光滑。叶近圆形，长5～12厘米，3裂，有时5裂，裂片有不规则粗齿。聚伞花序，稍扁平，有大型不孕边花，花药黄色，花期5—6月。果近球形，红色，果期8—9月。

生态　喜光，稍耐阴，较耐寒，喜湿润、肥沃土壤。

分布　产欧洲、北非及亚洲北部，我国新疆有分布，青岛、北京、沈阳等地有栽培。

栽培　播种或扦插繁殖。

用途　庭园观赏树。

215. 黑果荚蒾　● 忍冬科　荚蒾属
Viburnum lantana L.

形态　灌木，高 3～5 米。小枝及花序疏被星状毛。叶卵形至椭圆形，长 5～12 厘米。复伞形花序，径 6～10 厘米，花冠白色，花期 5—6 月。核果卵状椭圆形，由红变黑色，果期 9—10 月。

生态　喜光，稍耐阴，耐寒，耐干旱，生长强健。

分布　产欧洲及亚洲西部，我国北京、沈阳等地有栽培。

栽培　播种或扦插繁殖。

用途　观花、观果灌木。

216. 荚蒾 ● 忍冬科 荚蒾属
Viburnum dilatatum Thunb.

形态 灌木，高达 3 米。嫩枝有星状毛。叶广卵形至倒卵形，长 3～9 厘米，缘有三角状齿，表面疏生柔毛。聚伞花序集生成伞形复花序，径 8～12 厘米，全为两性的可育花，白色，花期 5—6 月。核果深红色，9—10 月果熟。

生态 喜光，喜温暖、湿润气候，喜肥沃土壤。

分布 产我国黄河以南至华南、西北地区。日本、朝鲜有分布。

栽培 播种或扦插繁殖。

用途 庭园观赏树。

247

217. 琼花 ● 忍冬科 荚蒾属
Viburnum macrocephalum f. *keteleeri* (Carr.) Rehd.

形态 灌木，高达4米。叶卵形或卵状椭圆形，长5~10厘米，缘有齿牙状细齿。聚伞花序集生成伞房状，花序中央为两性的可育花，边缘有大形白色不育花，花期4月。核果椭球形，先红后黑，果期9—10月。

生态 喜光，耐半阴，不耐寒。

分布 产我国长江中下游地区，扬州栽培的琼花最为有名。

栽培 播种或扦插繁殖。

用途 庭园观赏树。

218. 接骨木 ● 忍冬科 接骨木属
Sambucus williamsii Hance

形态 灌木或小乔木，高达6米。奇数羽状复叶对生，小叶5～7(11) 片，卵状椭圆形，长4.5～6.5厘米。聚伞状圆锥花序顶生，松散，花小，白色至淡黄色，花期5—6月。浆果状核果，近球形，熟时黑紫色或红色，果期7—9月。

分布 我国北起东北，南至秦岭以北，西达甘肃南部和四川，朝鲜、日本、俄罗斯也有分布。

栽培 播种、扦插、分株繁殖。

用途 观花、观果灌木。

219. 金叶接骨木 ● 忍冬科 接骨木属
Sambucus canadensis 'Aurea'

形态 灌木，高 1.5~3 米。树形开展，长枝呈拱形。小叶 5~7 片，初生叶金黄色，成熟叶黄绿色。花复聚伞花序顶生，白色，5—6 月开花。

生态 喜光，稍耐阴，耐寒，耐干旱、瘠薄土壤。

分布 我国华北及东北等地有栽培。

栽培 扦插繁殖，光照充足则叶色更鲜艳。

用途 庭园观赏彩叶树种。

220. 钩齿接骨木 ● 忍冬科 接骨木属
Sambucus foetidissima Nakai

形态 灌木。树皮黄褐色，幼枝无毛。奇数羽状复叶，小叶 5～7 片，叶片椭圆状披针形，长 10～15 厘米，边缘具大而锐密的钩状粗锯齿，叶两面疏被短硬毛或无毛。大型圆锥花序，花白色，后变淡黄色。核果近球形，成熟红色。

生态 喜光，耐寒，耐干旱。

分布 产内蒙古及辽宁西部。

栽培 播种繁殖。

用途 庭园观赏树。

221. 红雪果 ● 忍冬科　毛核木属

Symphoricarpos orbiculatus '**Red Snowberry**'

形态　灌木，高 1.5～2 米。叶椭圆形或卵形，长 6～7 厘米，叶背面有绒毛。花白色，花期 6—7 月。果桃红或红色，径 0.6 厘米，果期 8 月。

生态　喜光，较耐寒，喜湿润、肥沃、排水良好的土壤。

分布　产美国、墨西哥。我国北京等地有栽培。

栽培　播种繁殖。

用途　观果灌木。

222. 猬实 ● 忍冬科 猬实属

Kolkwitzia amabilis Graebn.

形态 灌木，高达 3 米。干皮薄片状剥裂。叶椭圆形至卵状椭圆形，长 3~7 厘米，全缘。伞房状聚伞花序，花冠淡红色，内面具黄色斑纹，花期 5—6 月。果密被黄色刺刚毛，果期 8—9 月。

生态 喜光，喜排水良好的肥沃土壤，稍耐干旱、瘠薄，较耐寒。

分布 我国特有种，产山西、陕西、甘肃、河南、湖北、四川等省，沈阳、北京等地有栽培。

栽培 播种或扦插繁殖。

用途 观花、观果灌木。

253

索 引

A

奥斯特北美冬青 /172

澳洲鸭脚木 /39

B

B₉海棠 /99

八角金盘 /39

八月红梨 /141

白果毛樱桃 /114

白果桑树 /65

白杆云杉 /3

板栗 /60

槟榔 /48

布迪椰子 /51

C

侧柏 /5

茶条槭 /180

长白茶藨 /76

长白蔷薇 /143

长白忍冬 /236

长白瑞香 /206

长梗郁李 /116

秤锤树 /223

池杉（池柏） /56

稠李 /120

臭椿 /166

臭檀 /163

串枝红杏 /110

垂丝海棠 /96

垂枝毛樱桃 /114

刺五加 /213

D

大叶冬青 /27

大叶黄杨 /24

大叶小檗 /72

大籽猕猴桃 /202

蛋黄果 /43

灯台树 /216

地锦 /198

地中海荚蒾 /47

吊瓜树 /46

东北扁核木 /87

东北红豆杉 /2

东北杏 /112

冬青 /26

杜梨（棠梨）/142

短翅卫矛 /173

多花蔷薇 /144

E

俄罗斯大果蔷薇 /145

俄罗斯山楂 /82

F

番木瓜 /207

繁果忍冬 /238

菲油果 /36

风箱果 /106

枫杨 /57

佛手 /20

复叶槭 /183

G

甘肃山楂 /83

柑橘 /19

钩齿接骨木 /251

枸骨 /28

构树 /68

孤山梅杏（大杏梅）/111

光辉海棠（绚丽海棠）/101

光缘苦枥木 /45

国槐 /156

H

海桐（海桐花）/10

海州常山 /225

寒富苹果 /105

合欢 /157

黑果茶藨（黑加仑）/78

黑果荚蒾 /246

黑果腺肋花楸 /79

黑树莓 /146

红巴梨 /139

红垂枝桃 /124

红富士苹果 /104

红果金丝桃 /34

红花鞑靼忍冬 /238

红铃铛果 /100

红瑞木 /214

红树莓 /147

红提子葡萄 /197

红香酥梨 /141

红肖梨 /137

红雪果 /252

厚皮香 /32

厚叶石斑木 /14

胡颓子 /35

湖北海棠（平易甜茶）/97

湖北十大功劳 /9

槲寄生 /7

琥珀李 /129

花红 /89

花楸 /149

华山松 /4

黄檗 /164

黄花忍冬 /235

黄金梨 /137

黄金树 /233

黄连木 /171

黄山栾树（全缘叶栾树）/186

黄檀 /162

火棘 /11

火炬树 /170

J

鸡麻 /88

鸡桑 /67

鸡树条荚蒾（天目琼花）/244

荚蒾 /247

假槟榔（亚历山大椰子）/49

尖巴梨 /138

胶东卫矛 /174

接骨木 /249

金豆 /21

金链花 /154

金钱松 /55

金香水梨 /138

金叶风箱果 /107

金叶接骨木 /250

金银忍冬 /234

金枣 /20

巨峰葡萄 /196

巨紫荆（湖北紫荆）/161

K

咖啡 /37

凯特杏 /109

糠椴 /200

可可树 /30

苦楝 /167

库尔勒香梨 /139

库页悬钩子 /148

阔叶十大功劳 /8

L

拉宾斯樱桃 /127

腊梅 /152

兰考泡桐 /230

蓝靛果忍冬 /242

蓝莓 /219

蓝叶忍冬 /241

榔榆 /61

老鸦椿（珍珠枫）/227

老鸦柿 /221

梨枣 /194

李 /133

辽东楤木 /212

裂叶榆 /62

龙须枣 /194

龙爪桑 /66

栾树 /185

椤木石楠（椤木）/13

M

麦李 /118

芒果 /25

毛山楂 /84

毛叶山桐子 /205

毛樱桃 /113

美 22 树莓 /148

美国山核桃（薄壳山核桃）/58

美国皂荚 /159

美人梅 /116

美人指葡萄 /197

美早樱桃 /127

牡丹 /71

木波罗（树波萝、波罗蜜）/6

木瓜 /80

木通马兜铃 /69

N

那翁樱桃（黄樱桃）/128

南果梨 /140

南蛇藤 /176

暖木条荚蒾 /243

O

欧李 /117

欧洲花楸 /150

欧洲李（理查德李）/130

欧洲绣球 /245

P

蟠桃 /122

泡桐 /231

枇杷 /15

Q

七叶树 /184

七月鲜海棠（K₉ 海棠）/102

千金鹅耳枥（千金榆）/59

琼花 /248

秋红李 /131

秋胡颓子 /208

楸叶泡桐 /229

楸树 /231

R

热河南蛇藤 /177

人心果 /44

日本茵芋红玉珠 /22

软枣猕猴桃 /203

S

洒红桃 /124

萨米脱樱桃 /128

桑 /64

色木槭 /181

沙棘 /209

沙金红杏 /111

山茶花 /33

山定子（山荆子）/90

山里红 /85

山桃稠李 /121

山桐子 /204

山杏 /109

山皂角 /158

山楂 /86

山茱萸 /217

省沽油 /178

石榴 /211

石楠 /12

柿树 /220

鼠李 /190

水曲柳 /224

水枸子 /81

四照花 /218

酸橙 /16

酸樱桃 /125

酸枣 /193

梭罗树 /31

T

太阳李 /131

桃色忍冬 /237

桃叶卫矛 /175

天女木兰（天女花）/74

甜樱桃 /126

W

晚红李 /134

晚黄李 /134

猥实 /253

文冠果 /187

乌桕 /168

乌苏里鼠李 /191

无刺枸骨 /29

无核白鸡心葡萄 /196

无患子 /188

梧桐（青桐）/201

五月茶 /23

舞乐海棠 /94

舞美海棠 /95

X

西伯利亚花楸 /151

西府海棠 /98

西梅 /129